儿童自控力心理学

马鸣风◎著

黄河出版传媒集团
阳光出版社

图书在版编目（CIP）数据

儿童自控力心理学 / 马鸣风著. -- 银川：阳光出版社, 2018.12
ISBN 978-7-5525-4738-2

Ⅰ. ①儿… Ⅱ. ①马… Ⅲ. ①情绪－自我控制－儿童读物 Ⅳ. ①B842.6-49

中国版本图书馆CIP数据核字(2019)第025775号

儿童自控力心理学　　马鸣风 著

责任编辑　金小燕
封面设计　魔童妈妈
责任印制　岳建宁

黄河出版传媒集团
阳光出版社　出版发行

地　　址　宁夏银川市北京东路139号出版大厦（750001）
网　　址　http：//www.ygchbs.com
网上书店　http：//shop129132959.taobao.com
电子信箱　yangguangchubanshe@163.com
邮购电话　0951-5014139
经　　销　全国新华书店
印刷装订　北京盛通印刷股份有限公司
印刷委托书号　（宁）0012412

开　　本　720mm × 1010mm　1/16
印　　张　14
字　　数　150千字
版　　次　2019年4月第1版
印　　次　2019年4月第1次印刷
书　　号　ISBN 978-7-5525-4738-2
定　　价　42.00元

前言 PREFACE

在日常生活中，常常会听到来自不同家庭、不同环境及不同社会阶层的父母对自家孩子的评价，其中最多的是关于孩子自控力的问题，有的父母抱怨孩子不听话，太调皮，没有自制力，有很多不良的生活习惯；有的父母认为孩子做事不讲规矩，生活和学习都非常混乱；有的父母认为孩子很懒，且没有责任心；还有一些父母对于孩子的表现漠不关心，在他们看来，孩子的任何不良行为都无关紧要，长大后会慢慢纠正过来的。

父母对孩子失望、无奈或无所谓的态度，其实说明了儿童自控力问题的严峻性，体现了父母在亲子教育中的惶惑。许多父母并没有真正意识到自控力对孩子的成长究竟意味着什么，也不清楚该如何培养和提升孩子的自控力。美国心理研究专家曾对1000名儿童进行研究调查，将他们从出生到32岁的人生轨迹记录下来，发现那些在儿童时期就表现出超强自控力的孩子，长大后很少有犯罪行为，而且这些孩子比那些容易冲动行事的孩子更加健康，也更加富有。这个调查结果佐证了自控力对儿童成长和发展的重要性。

孩子的教育问题一直以来都是一个令人关注的话题，几乎任何一个家庭都会将子女的教育问题放在重要位置。然而，很多父母在教育孩子时容易进入误区，他们过分重视物质条件和身体健康状况。而很少关注孩子的心理健康，其实儿童自控力就是一个非常重要的心理问题。如今，越来越多的心理学家和儿童教育专家呼吁父母加强对儿童自控力的培养。我从事亲子教育与儿童心理分析工作已经有十几年的时间，其间，我见证了儿童心理学的发展，意识到社会对于儿童心理健康的重视。但问题是许多父母并不知道如何才能让自己的孩子变成一个身心健康的好孩子。比如，很多父母并不在乎孩子的行为表现，他们更在乎的是孩子是否吃饱了、穿暖了，是否有足够的零花钱，是否学习出色。一些父母发现孩子身上出现了一些不良习惯，也发现孩子思维和行为中的一些反常现象，但他们并不清楚孩子的反常行为可能就是自控力缺失引起的。

因此，自控力是什么，自控力缺失有什么表现，自控力缺失的原因是什么，如何避免孩子自控力缺失及如何进行治疗，种种问题成为父母在亲子教育中必须面对和解决的问题。这也是我写这本书的初衷，在成为孩子的母亲之后，我更加坚定了这样的想法。

从 2013 年到 2017 年，我先后对超过 500 名儿童进行调查和分析，发现超过 490 名的儿童都存在不同程度的自控力不足问题，而孩子的父母没有找到好的办法去解决这个问题，他们要么陷入误区，要么束手无策，常常处于被动的尴尬处境。

为了方便父母了解儿童自控力到底是怎么一回事，本书先在第一章重点介绍了儿童自控力的一些基本信息，包括自控力的定义、自控力缺失的表现及其原因。接着在第二章举例分析了父母在亲子教育中存在的一些误区，从而帮助父母更好地把握教育方式。接下来的几个章节，逐步讲述了培养儿童自控力的一些方法和技巧，给父母提出各种各样的建议，让大家更合理更科学地引导孩子建立起完善的自控体系，以帮助孩子树立更为强大的自我意识。

书中涉及了一些专业的心理学知识，我基本上都进行了简化处理，用通俗的语言进行解释。希望这些通俗化的心理学知识和方法，能够帮助缺乏亲子教育经验的年轻父母，解开养育过程中产生的疑惑，找到并激活孩子身上的自控密码。

目录 CONTENTS

第 6 章　父母这样做，孩子才能管好自己

第 7 章　一起努力，在亲子互动中轻松提升自控力

第 8 章　开发体能，为自我控制提供能量支持

看清真相，孩子为什么缺乏自控力

第1章

01 “熊孩子”与“乖孩子”的区别

十年前，我和同事去北方做亲子教育宣传。在一个小学操场上为家长们提供咨询服务的时候，发现有很多家长和老师将一部分孩子称为“熊孩子”。一开始我以为“熊孩子”是指孩子缺乏能力，性格懦弱，可是通过观察和接触，我发现这些孩子大胆、机灵，言行举止缺乏约束，而且不害怕陌生人，并不像我想的那样。后来通过同事的介绍，我才明白“熊孩子”的真正含义。

令人头疼的“熊孩子” 有关“熊孩子”的称呼最早出现在中国北方。“熊”含有吓唬、教训的意思，“熊孩子”是指孩子不听话。在河南商丘、江苏徐州及山东等地，常常将不听话、调皮的孩子称为“熊孩子”或者“怂孩子”。而最近几年，“熊孩子”这一称呼能够在全国范围内流传开来，是因为网络传播，因此它更多时候被当作一个网络用语，用来形容孩子调皮，不懂事，爱捣乱，而且常常做一些不可理喻且具有破坏性的事情。

如今，在生活中我们常常会听到父母对孩子的评价，而这些评价大致有两种：孩子听话和孩子不听话。父母通常会将“熊孩子”当成坏孩子来对待，或者说将坏孩子称为“熊孩子”。那么“熊孩子”是什么样的，“乖孩子”又是什么样的？评判孩子是“熊”还是“乖”，是不是就单纯地以是否听话作为标准呢？

“熊孩子”往往不听话，顽皮，不喜欢学习，缺乏责任心，没有危机意识，其中一部分孩子还存在自私懒惰、缺乏爱心的问题，最大的特点是不受管教，做事出格。虽然这些孩子有着强烈的好奇心，这种好奇心使得他们乐于探索，喜欢尝试不同的东西，但与此同时也会因为不受约束而到处搞破坏。与那些安静地坐在家里看书、做作业，或者帮助父母做家务，严格听从父母告诫的孩子不一样的是，“熊孩子”通常都拥有充足的时间玩耍。他们都给人一种想做就做、无法无天的感觉，做事不会有太多的考虑，好动且鲁莽，他们会想办法给自己找乐子，会提出各种奇怪的要求，会有各种奇怪的想法并且敢于尝试，有时候会跟他人开一些过分的玩笑。更重要的是，他们对父母、老师的权威没有害怕的心理，或者说他们不太容易受约束。

如果深究，就会发现一些深层次的因素，如“熊孩子”大多都具有以自我为中心的倾向，他们说的话和做的事大部分都是立足于自身的某种需求，或者说焦点都是在自己身上，不顾其他人的感受。当一个孩子过度关注自己而忽视他人及自己对身边人的影响时，就容易给他人制造麻烦和伤害。

一般来说，那些“乖孩子”拥有比较完善的亲社会性思想，懂得观察和理解他人，在做事之前往往会进行换位思考，弄清楚自己的言行是否会对他人造成不良影响。他们会主动维护自己的社会关系，包括与家庭成员的关系，与朋友的关系，与老师的关系，与陌生人的关系，懂得为他人着想。

“熊孩子”常常做出一些莽撞的行为：四处开玩笑、搞恶作剧和搞破坏。这些行为归根结底是自控能力太差。一些父母说自己孩子的脑子里“时刻都装着一百种具有破坏性的想法，而且他们不太愿意克制自己的不当行为”。“熊孩子”虽然能够意识到自己的行为是错误的，是具有破坏性且不受欢迎的，但是他们一旦产生了类似的冲动就会付诸行动。我们应该如何对他们进行有效的约束呢？

懂事的“乖孩子” 乖巧的孩子相对比较文静、沉稳，他们能够意识到自己该做什么，不能做什么：父母明确交代不能做的事情不做，危险的事情不做，对他人造成伤害的事情不做，违背规定和道德的事情不做，结果无法预知的事情不做……即便这些事情能够给他们带来暂时的快乐和满足，但是只要这件事可能会带来不好的影响，他们就会克制自己的欲望和行为。“乖孩子”的自控能力比较强，整个自控系统也相对完善一些。

对“熊孩子”和“乖孩子”的行为进行对比，就会发现他们的主要区别在于是否以自我为中心及是否具有自制力。“熊孩子”更加顽皮，“乖孩子”更加听话；“熊孩子”缺乏责任心，“乖孩子”勇于承担责任；“熊孩子”做事不守规矩，“乖孩子”本分做事；“熊孩子”比较自私，凡事只考虑自己的感受，“乖孩子”会为别人着想……

“熊孩子”也有优点 事实上“熊孩子”并没有想象的那么不堪，“熊孩子”身上也有一些亮点，如“熊孩子”更具冒险精神，想法比较多，而且执行力比较强。

父母不要一味斥责“熊孩子”，毕竟很多所谓的规则都是成人世界里的约定和要求，它们是在很长一段时间内逐步形成然后被接受的。对于孩子来说，他们并不能真正理解这些规则，或者说同样需要花费很长的时间来消化并记住它们。因此，父母应该多点耐心，做好家庭教育，给予孩子更多的关爱，并对他们的行为进行监督和引导，帮助孩子提升自控力，而这些工作通常在孩子婴儿时就应该开始。

02 自控力强的孩子更得体，自控力弱的孩子爱捣乱

乖巧的孩子会有意识地控制自己的行为，相比于喜欢捣乱的孩子来说，他们的行为更加得体，他们更加看重个人行为对外在环境尤其是对他人的影响。这种意识和表现就是一种自控力。

人们通常对自控力的定义都偏于狭义，认为自控力是指个人对自身冲动、感情、欲望施加一定的控制，确保行为符合多数人的期待或者某种社会规则。如果考虑到个人对周围产生的影响力，那么自控力就包含了个人对周围事件、对自己的现在和未来的控制感，如能否支配自己的人际关系，能否支配自己的人生走向，能否控制好自己对成功与失败的选择。

在心理学中，自控力或者控制力是一个重要的组成部分，涉及情绪和行为的相关理论，都会将自控力当成一个要素进行

分析。自控力是个人成长过程中表现成熟度的一个重要指标，自控力强的人往往心智发育比较健全，他们能够控制好那些不合时宜的想法，确保行为的合理性，并保证自己的思想和行为能够和社会规则保持基本一致。如果他们意识到不能做某件事的时候，就会控制自己不去做这件事；如果自己特别想做某件事，但这件事不符合规定，那么他们会坚持按照规则办事。

自控力强的人往往能养成良好的生活习惯，做事有章法，有条理，不会随心所欲地做事，也不会轻易改变自己做事的方式和原则。对于养成了良好生活习惯的人来说，他们会坚决地对懒觉、酗酒、吸烟等不良习惯说“不”，并将懒觉、酗酒、吸烟等行为列入“黑名单”。

自控力强的人最重要的表现是对情感和情绪的控制，尽管每个人的情感和情绪都会出现波动，但当受到外在因素的刺激时，自控力强的人懂得如何保持得体的举动。当争执、矛盾、误会、伤害、攻击、灾难、恐惧袭来的时候，他们能有效地控制好情绪，尽量确保自己不会出现一些失礼的举动。尤其是在人际交往过程中，他们更善于保持和善的一面，即使对方来势汹汹。

如果只是谈论孩子的自控力，那么我们可以重点说说孩子对情绪、感情、欲望、思维模式和行为模式的控制。有些孩子遇事就会方寸大乱，坐在地上哭泣；有些孩子，一旦他们的要求得不到满足就会大吵大闹，或者满地打滚；有些孩子喜欢抢其他孩子的东西吃，并且难以抑制自己的冲动；有些孩子会接受父母一而再再而三的教诲，但是下一次遇到同样的事情还是会犯错。这些都是自控力不足的表现。

自控力强的孩子往往言行举止非常得体，具有道德意识和同情心，能够理解他人的行为，并且具有良好的生活习惯和情绪控制能力，懂得如何处理好自己与他人的关系及生活中应该面对的事情。他们能够有效地控制自己的行为，确保自己始终处于一种自我平衡的状态。当不好的事情发生时，他们可以通过控制情绪来减轻自己的伤感和悲观情绪，避免自己行为失控。比如，当外来的诱惑不断增加时，他们会通过抑制欲望来消除自己受到的影响；当自己状态不佳时，他们会通过精神控制与行为控制来强化执行力。

简单来说，自控力就是当孩子意识到某些事情值得做或者某些事情不能做时，他们会进行自我提醒。对他们而言，自控力就是对生活准则的一种遵守和坚持，比如，当父母告诉他们不能吃太多甜食和油炸食品后，他们再见到这些食物时就会提醒自己应该听从父母的话。当父母告诫孩子应该多出去走走，不要一天到晚窝在家里玩电子游戏后，他们会控制游戏时间，提醒自己出去走动。

事实上，自控力的表现非常广泛，通常人们说孩子没有自制能力，其实说的是自控力不足，而非一点自控力都没有。父母要做的就是培养并强化孩子的自控能力，确保孩子可以规范自己的言行并对自己的言行负责，更好地掌控自己的生活节奏和调控自己的生活模式。

03 儿童自控力缺失的表现

儿童自控力的强弱是父母非常关心的事情，很多父母对于自己的孩子是否存在自控力缺失的问题并不清楚，自然也就不了解孩子的具体成长情况。事实上，自控力强大与否在日常的行为中就能表现出来，父母通过这些行为，就可以看出孩子是不是存在自控力缺失的情况。

我曾经对儿童自控力问题进行调查，发现自控力差的孩子大都比较闹，不服管教，情绪波动大，注意力不集中，容易受到欲望的支配，缺乏时间概念。因此，在分析孩子自控力的情况时，建议父母从以下几个方面对孩子进行观察。

情绪失控　情绪是证明自控力是否强大的最直接因素，自控力缺失的孩子大都存在情绪失控的问题，这一类孩子不能很好地控制自己的喜怒哀乐，遇到不满意的事情就会大吵大闹，遇到自己无法解决的问题就会显得很沮丧。这些孩子遇事比较急躁，容易冲动，不会冷静下来想问题，一旦父母不能满足他们的要求或者与其他小伙伴发生了争执，就会发脾气，顶撞父母，或者伤害其他朋友和玩伴。

很多父母抱怨自己的孩子动不动就生气，要么对父母大喊大叫，要么在家里摔东西，还会欺负其他小朋友。这些孩子往往比较自我，总是以自我为中心，无论什么时候都希望别人围着自己转，希望别人能够无条件地满足自己的要求，一旦要求得不到满足，就会通过强烈的情绪反应来表达自己的不满，并向他人施加压力。

欲望失控 孩子常常会受到各种欲望的诱惑，好吃的东西、好玩的东西都可能让他们失去自控力。一般来说，欲望失控的孩子缺乏做事的原则，也不会遵守做事的规定，或者说定下的规矩很容易受到外在因素的影响。当他们意识到自己可以享受到更加美好的事情时，就会果断放弃自己正在坚持的事情。比如，写作业时容易被好看的电视节目吸引，而忘了做作业；准备午睡时发现小伙伴们正在玩游戏，可能就会打破一直以来坚持的作息习惯；见到好东西时，忍不住伸手去拿，完全忘了父母关于“不能在未经同意的情况下触碰他人东西”的警告。我们小区里有个小孩每次去别人家玩耍时，总是喜欢趴在桌子上抓几把糖果，由于都是邻居，大家也不好说什么。一些人认为孩子大都这样，拿点吃的东西不是什么严重的事。但如果一味纵容孩子的行为，他就会一步步被欲望支配，自控力越来越差，道德感也会逐步丧失，这对孩子日后的行为模式会产生很大的影响。

时间失控 一些自控力弱的孩子会存在时间失控现象，这些孩子没有建立起完整且正确的时间观念，或者说根本没有时间观念，他们不能对自己的学习做出合理的规划，不知道什么时候应该做什么事。由于对时间不重视，这些孩子往往患有“拖延症”，做事永远都是“等一会儿再去做”“明天再去做”。他们对父母的要求和自己的学习都不上心，习惯性地将事情往后推。他们的学习时间远远少于玩乐时间，做作业之前先要看会儿电视，或者玩会儿手机，习惯了将事情推到最后的时间段去做，哪怕需要通宵达旦。

我曾对135名时间观念淡薄的孩子进行调查，发现他们在学习上存在这样一些问题：在没人督促的情况下，基本上不学习；做完家庭作业后，基本上不看任何书籍；当父母要求看书时，他们总是推托说想要睡觉，或者不舒服；平时对电视和网络着迷，有时候会一整天躺在沙发上看电视或者玩游戏；看书或者写字时，需要花费很长时间才能提起精神。他们的考试成绩大多不如意，并且每次都告诉自己“下一次我一定会考得更好一些”。

规则缺失 自控力不足的孩子不愿意遵守规则，他们不会接受父母的约束，不愿意服从各种各样的制度和规定，正因为如此，他们会抗拒父母分配的家庭任务，把父母的要求当成耳旁风。自控力不足的孩子平时没有什么朋友，和小伙伴之间的关系比较糟糕，因为他们在游戏中经常耍赖，没有规则意识，且喜欢以自我为中心，要求所有人围着自己转，要求成为游戏的主角；在学校，他们比较调皮好动，在课堂上随意说话，甚至在课堂上偷吃零食、来回走动，喜欢捉弄同学，故意搞破坏，这是典型的自控力缺失现象。

除了以上几个方面。自控力不足的孩子在其他方面的表现也会很糟糕。他们的毅力薄弱，遇到一些不会做的题目或者其他难以解决的问题，要么直接跳过去，要么表现得焦躁不安；遇到一些不太懂的问题，常常选择忽视；在学习上会出现比较严重的偏科现象，并且对成绩差的科目提不起任何兴趣；他们会制订各种各样的生活目标和学习目标，但基本上都是“空头支票”，最后常常因为忘记而没能达成。如果孩子出现以上这些问题，父母应该予以重视。

04 不同的孩子属于不同的自控力缺失类型

一些父母常常焦急地问我："我的孩子自控力不足，做事总是缺乏毅力，该怎么办？""我常常给孩子提出一些合理的要求，可是孩子根本就做不到！""我的孩子身上有一些不良习惯，可是无论怎样都改不掉，家里人都很着急，担心孩子以后会走上歪路。"……父母都希望获得一些改良的药方，能够有效治疗孩子身上的"自控力缺失症"。想要提升孩子的自控力，首先应该弄清楚孩子的自控力缺失属于哪一种类型，这样才能够更好地对症下药。

一般来说，自控力缺失的类型多种多样，不同的人往往有不同的划分方法，但是很多心理学家都习惯于将自控力缺失分成四种常见类型，每一种类型都代表了孩子不同的身心状态。

道德许可 在日常生活中，孩子常常会产生这样的想法：“我这次考试考了第二名，现在我可以看电视了。”“我的作文得了全班第一，所以我下周不打算写日记了。”当孩子们在自控的目标上前进了一小步时，往往会出现自满的情绪，并且产生一种自我的道德许可，认为可以尝试着犒劳一下自己，放纵一下自己。而一旦开始放纵，自控力就会不断瓦解，孩子就会不断违背自己的初衷，不断远离自己最初的目标。

道德许可是一个甜蜜的陷阱，它会一步步引诱孩子远离目标，使孩子一步步放弃对自己的约束，导致被欲望支配。面对这样的失控现象，父母应当重点引导孩子牢记初衷，明确自己最初的目标，并坚持这个目标不动摇。不仅如此，父母需要给孩子灌输这样的想法：“你之所以坚持做某事，是为了养成良好的习惯，并通过这个习惯来实现自己的目标。”引导和监督孩子养成良好的生活习惯，才是最重要的，那些阶段性目标的实现虽然值得鼓励，但并不能成为放纵自己的理由。

注意力分散 孩子身上最大的问题就是注意力容易分散，对某件事的专注度不高，很容易受到外在因素的干扰，这就不难理解为什么他们总是那么好动，会同时关注各种不同的事件，会在两个不同的事件之间来回游荡。当他们试图清醒地专注于其中一件事时，另外一件事就会出来捣乱，以至于他们常常不愿意好好吃饭，会和桌子底下的小狗逗来逗去；不愿意好好做作业，总是不断地瞄着眼睛往电视机的方向看。

注意力分散是自控力不足的基本表现，孩子原本就脆弱的自控力很容易被其他事情和其他欲望瓦解。因此，父母要强化对孩子注意力的训练，想方设法提升孩子的专注度。这种专注度的培养主要教会孩子无视外在干扰，提升定力，让他们在充满欲望和诱惑的环境中保持对原定目标的执着和坚持。

拖延　许多人都有拖延症，孩子的拖延症更为明显，他们常常会将父母交代的事情往后推。比如，下午放学后不做作业，而是玩手机、看电视，或者和小伙伴一起出去玩耍，等到晚上睡觉时又不想写，于是告诉自己明天早上起来再完成。又如即将考试，父母催促孩子赶紧复习功课，将重要的知识点圈起来牢记，孩子却推三阻四，一天天往后推，直到考试来临时才手忙脚乱。这些拖延现象在很多孩子身上都存在。而拖延就是一种自控力严重缺失的表现。

通常情况下，孩子对于拖延的事情会产生这样一些想法："反正事情是一定会去做的，今天做和明天做也没什么区别。""今天我有点累了，明天做也是一样的。""这件事很难，我明天会想到更简单的方法的。"当孩子在心里种下懒惰和拖延的种子时，他们就已经失去了对生活的掌控力，不断选择逃避，逃避做作业，逃避父母制订的规定和要求，逃避一切自己不喜欢的行为，逃避一切可能让自己感到不舒服的事情，通过一个又一个明天来缓解压力。这个时候，他们对于自己的约束力会不断下降，直到放纵自己什么也不做。在抑制孩子拖延的行为时，父母需要不断强化孩子的自控力，明确要求孩子今日事今日毕，任何拖延到明天的行为都会被明令禁止。

光环效应　美国健康心理学家凯利·麦格尼格尔在《自控力》中说过，当某个人自我放纵的时候，如果放纵的东西或者事项和一些自己觉得品德高尚的东西一起出现，就会产生一系列的光环效应。按照麦格尼格尔的说法，一个人平时会控制自己不吃巧克力，以免长胖，但是如果以做慈善的名义购买巧克力，那么他就会吃更多的巧克力来奖励自己，这个时候慈善的光环会让他失控。

对孩子来说也是一样，他们会将做家务与看电视这样的奖励联系起来，当他们觉得自己帮助妈妈做了很多家务活时，就可以不受约束地看电视，这个时候帮忙做家务这样的光环会使得他们肆无忌惮地放纵自己。

父母应该帮助孩子正确地了解事物的本质，让他们在面对诱惑时好好想一想最初的自控动机是什么，是为了赢得更多的学习时间，为了在一个更好的环境中放松身心，而不是为了应对父母。这个时候孩子才能够有效意识到父母的良苦用心和自控的意义，从而加强对自己的约束。

以上四种自控力缺失类型其实在很多孩子身上都不同程度地存在着，都是最常见的，而且这些类型基本上都和大脑有关联。按照心理学家的说法，人类的大脑会受到经验的支配，简单来说，如果我们每天都让孩子学习数学，那么孩子的数学成绩就会得到很大提升，还会开发出左脑强大的数学计算能力、分析能力及思维逻辑能力；如果孩子每天处于自我放纵的状态，那么大脑就会不断削弱自控力，并且寻求简单、快乐、放纵的生活模式；如果反过来让孩子的大脑经常保持专注，经常接受专注度的培养和练习，那么孩子就会变得越来越专注，而专注度的提升会直接带动自控力的提升。

05 儿童自控力差，是谁的错？

由于身心发育还不够完善，儿童的自控力相比成年人来说往往偏弱，但这并不意味着儿童就没有自控力，不仅如此，有许多孩子还会表现出强大的自控能力，会注意约束自己的行为。而有的孩子完全不受约束，常听到很多父母会抱怨“家里的老大以前很乖，老二为什么那么调皮？”“为什么别人家的孩子很听话，而我家的孩子表现得那么糟糕？”“为什么孩子看起来永远长不大？”，当他们说起那些“熊孩子”不听话、不好教养的时候，或许更容易对孩子不听话的原因产生兴趣。

心理学家和亲子教育方面的专家通过对孩子自控力缺失的原因进行深入的研究和分析，得出了很多有意思的观点。在这里，我将各种主流观点进行综合，并融入自己多年的研究，总结出了以下几个常见的原因。

生理原因 科学家发现，儿童自控力的强弱和生理因素有关，其中基因是影响自控力的一个重要因素。比如，科学家曾发现一些人身上拥有一种名为 MAOA 的好战基因，这一类人一旦身处充满压力、暴力的环境中，就容易激发出内部基因中潜藏的暴力和罪恶。还有一种叫作 DRD4 的基因，容易导致专注力不足和注意缺陷多动障碍（多动症）。科学家还发现一种名叫 DAT1 的基因有长和短两种版本。科学家对一群 6 岁的孩子进行观察，发现拥有长版本 DAT1 基因的 6 岁孩子，在日常生活中会表现出更强的自控力，他们的冲动行为更少，专注力更高，大脑发育成熟度也更高一些，而拥有短版本 DAT1 基因的同龄孩子，他们的自控力较差。

除了基因因素之外，越来越多的证据表明，孩子自控力和胎儿期的发育息息相关，母亲怀孕时状况不佳，或者出现了早产现象，都会使得孩子的自控系统先天发育不全。不同的生产方式也会对孩子的自控力产生影响，如剖腹产而生的孩子容易出现前庭平衡功能失调的情况，这会导致孩子出现喜欢走动的症状，并且容易撞到障碍物上。

此外，从孩子的身体发育来看，神经系统发育不成熟或神经系统发育迟缓的孩子，很容易受到外在环境的影响产生一些消极的情绪，并缺乏控制情绪的能力和抵制诱惑的能力。一些身体先天发育不好的孩子会缺乏运动能力，并表现出一定的滞后性，他们干活的速度慢、写字的速度慢，空间知觉表现滞后，而且由于体质体力问题，他们常常会显得有些自卑，导致在自控方面缺乏信心。

性格和气质原因 孩子的天生气质是有差异的，有的天生外向，有的天生内敛。外向的孩子注重感性发挥，喜欢刺激冒险，喜欢按照自己的意愿行动，因此可能更容易做出一些出格的事情。性格内向的孩子往往相对安静，听话，他们不太会违背父母的意愿，不太会做一些让人不舒服的事情，更多时候他们会敏感地关注其他人的反应，并且时刻注意自己的言行，避免被人批评和指责。

还有一些孩子比较急躁，他们对情绪的掌控力不足，做事通常比较冲动，难以处理好人际关系，因此常常成为别人眼中的坏孩子。有些孩子的性格比较懦弱，和一般性格内向的人不同，这一类孩子遇事缺乏主见，喜欢将希望寄托在别人身上，让别人来解决问题，自己缺乏应对生活的能力。

可以说不同性格的孩子往往会有不同的思维方式和行为方式，而这一切都会对自控力水平的高低产生影响。

环境的影响 孩子的健康成长需要良好的环境，如果生活环境不好，或者说父母不注重给孩子打造一个良好的生活环境，孩子就容易受到周围环境的影响。举个简单的例子，如果父母经常带孩子去赌场或者其他娱乐场所，那么孩子的身心健康就会受到影响，他们会形成一些不良的生活习惯，并且难以改正。同理，一些父母常年出入一些嘈杂的地方，让孩子接触一些顽皮的孩子，那么孩子的学习就会受到影响。

环境是孩子成长中的一个重要因素，也是自控力的一个影响因素，好的环境会提升孩子的自控力，差的环境会削弱孩子的自控力。许多父母不注重给孩子创造良好的生活环境和学习环境，使得孩子的自控力变得越来越差。

一些科学研究表明，多语言家庭环境下的孩子自控力往往要强一些，单语言家庭环境下的孩子则相对弱一些，之所以会这样，是因为多语言环境下，孩子的大脑往往会存在两条或者两条以上的语言轨道。这个时候孩子就可以在不同的语言轨道上从容切换，并通过灵活的转换掌握灵活思考的技巧。除此之外，孩子还可以不受任何杂念的干扰，非常轻松地将注意力从一件事转移到另一件事上，并且能够保持专注度。这也是为什么越来越多的父母希望打造双语言家庭环境的原因。

不良教育方式的影响　家长的教育水平和教育质量有时候直接决定了儿童自控力的水平，一些父母平时非常溺爱孩子，孩子想要什么就给什么，孩子不喜欢什么就尽量避免孩子接触什么。父母总是千方百计地满足孩子的需求，结果导致孩子生活缺乏节制，学习缺乏自控力。

有一些父母恰恰相反，他们并不打算迁就孩子的行为，而是采取暴力的教育方式，这一类父母往往被称为“虎爸虎妈”。他们对孩子的管教非常严格，什么事情都会插手进行管教，结果导致孩子失去了掌控自己生活的能力，更遑论自控力。

还有一些父母根本不管孩子，凡事都不闻不问，孩子的生活和学习一直都处于不受管教的状态，这样的孩子往往会变得非常自我，缺乏感恩之心和基本的道德准则，遇事全凭自己的喜恶，没有任何原则可言，而且也不会遵守任何社会规则。

家庭教育不当，使得孩子很容易丧失自控力，他们不能够很好地处理各类生活问题和社会问题，并且以错误的方式来强化自己的存在感。

以上四种是比较常见的原因，父母们可以对照以诊断一下孩子不听话且自控力不足的原因，然后有针对性地进行引导和调整，帮助孩子尽早建立合理、稳定、高效的自控体系。

第2章

找到突破口，激活孩子的自控力

01 寻找并激活孩子身上的自控密码

随着认知神经科学的快速发展，人们对大脑的结构和发育有了更深的理解，有关自控力的一些说法逐渐从生理学方面得到验证和发展。科学家慢慢意识到，人们身上的自控力具有一定的生理基础，也可以说，每一个儿童身上都存在一个自控装置，只要激活这个装置，儿童的自控能力就会得到提升。

这个自控装置的密码就隐藏在大脑中，它就是眶额皮层。多数人对这个组织感到陌生，事实上每个人的成长都离不开它。眶额皮层是人类情绪产生的主要神经机制，位于前额叶，接受来自背内侧丘脑、颞叶、腹侧被盖区、嗅觉系统和杏仁核的直接神经传入。它可以将神经传送到大脑多个区域，以便感知周围环境中发生的事情及额叶其他区域做出的决定，从而对行为和生理反应施加影响。

眶额皮层分为三个功能区间，左边区域负责“我要做”，主要处理一些枯燥的有压力的工作，可以坚定人们的意志。当人们产生“这道题目很难”的想法时，左边区域就会提醒“我必须解决这个难题”。右边区域负责“我不要”，可以抑制冲动，比如，当人们想要做某件不合理或不正确的事时，该区域会发出“不能做这件事”的信号。中间靠下的区域负责“我想要”，主要处理欲望和目标，大脑的其他部分通常会跑出来捣乱，让人们做这个或者做那个，但是这个区域会告诉人们究竟应该做什么事，而且该区域的细胞活动越剧烈，人们执行的力度就越坚决。

在人类大脑的进化过程中，眶额皮层所占的比例会越来越大，它可以控制人类去做什么及不做什么的能力，这就是为什么人类懂得将捕获的动物圈养起来日后食用，而老虎和狮子却不会这样做。老虎和狮子更加关注当下享受的感觉，而人类却能够选择做一些更加困难的事：如果享用美食更加令人愉悦，它就会提醒人们该减减肥了；如果玩手机游戏比较轻松，它就会提醒人们应该立即去做家务活。

眶额皮层会告诉人类应该理性行动，从上文定义中可知，眶额皮层类似一个中介结构，传入神经并传出神经，那么传入的神经源于哪里呢？答案是大脑皮质，通俗来说就是大脑的表层，即我们平时在图画或者视频中所见到的充满褶皱的那一部分大脑。这个表层部分实际上是人类的高级别大脑，是最晚进化出来具有理性认知能力和控制能力的大脑组织。

想要理解眶额皮层和大脑皮质的关联，就要先了解大脑的基本结构和内在功能划分。事实上，大脑主要分成三部分：脑干、大脑边缘、大脑皮质。其中，脑干是整个大脑中最先形成的组织，可以称为最原始的脑。我们可以想象一下蜥蜴或者鳄鱼之类爬行动物的大脑，它们的功能比较原始和简单。脑干的主要功能就是维持最基本的生命和繁殖活动，吃饭、生育、逃跑之类的冲动行为都是它控制的。

有些人可能会说：人类不可能像其他动物一样，只懂得吃喝拉撒、战斗和逃跑，人类的很多行为都是充满感情的。人类拥有丰富的感情，或者说人类本身就需要拥有丰富的感情来维护彼此之间的关系，因此人类的大脑需要完成进一步的进化，它需要进化出一个支配感情的组织，大脑边缘应运而生。

如果说脑干偏于支配理性行为，大脑边缘则负责支配一些感情，类似于不安、恐惧、愤怒、爱憎、嫉妒等，此外，它会依据感情来发布行动命令。比如，一个人在面对危险时会感到恐惧，恐惧的情绪会支配他的行为——“赶紧逃跑”或者“寻求同伴的庇护”。大脑边缘是更高一级的大脑，但是它仍旧不够高级，毕竟像鸟类和低等哺乳动物都具有这样的大脑，它们也需要表达自已的情感。

作为更高级的人类大脑，必须进化出具有更强大功能的组织，因此大脑皮质出现了，这时候的人脑已经进化到了高等哺乳动物的阶段。如果说脑干让人有了生理上的冲动，大脑边缘带来了情绪感知，那么大脑皮质产生了记忆、知性或理性，记忆记录了过去的经历，知性明确了智力活动，理性则判断是非善恶。

通俗来说，婴儿饿了就想喝奶，这是脑干决定的行为；儿童在面对陌生人的拥抱时，会哭闹和恐惧，这是大脑边缘作用的结果，这些行为的表现都是冲动的，而大脑皮质则带来更多理性的一面。很明显，大脑皮质更适合充当整个大脑的司令官角色，它可以掌控或者抑制大脑边缘产生的冲动情感及冲动行为。作为大脑内部的理性中枢，大脑皮质还在冲动情感的基础上进化出了欢喜、悲哀、惊讶、幸福等更加高级的情感。按照生理学家和医学家的说法，大脑皮质应该下达理性命令，并将这些命令迅速传达到大脑边缘，从而抑制愤怒、仇恨、嫉妒等不良情绪的暴发，并间接控制不合理的行动。但问题是大脑皮质本身并不具备直接传送这些理性命令的功能，它缺乏一个高效的传送通道，当然在生理学中，这个传送通道就是一些突触（神经接合）。既然有一大堆的信息要传输，就需要寻找一个“传声筒”，而这个传声筒就是眶额皮层。

作为一种发达的神经接合，眶额皮层会兢兢业业地将大脑皮质下达的理性命令传送到大脑边缘，从而有效抑制冲动的攻击行为，正因为如此，眶额皮层也被称为“自控力中枢”。由于传入神经之处是大脑皮质，而大脑皮质又是一个充满“理性”的大脑组织，因此眶额皮层也有了前面提到的那三个理性功能区间。

通过前面的描述，可以总结出这样一个观点：大脑皮质负责下达理性指令，眶额皮层负责对这些指令进行加工与传输，当理性指令传送到大脑边缘后，冲动行为就能够得到约束。

这些都是自控力的生理基础，但是想要相关的大脑部件发挥作用，就需要对其进行刺激和开发。依据神经学家的观点，人脑并不是一个发育止步不前的器官，它具有很大的进化空间，通过锻炼可以有效刺激并提升大脑的某些机能，就像锻炼肌肉一样，大脑中某些区域的密度会在合理的锻炼中不断增加。因此，家长应该积极关注孩子的大脑发育情况，了解孩子的智力发育水平，掌握孩子的感知能力，并有针对性地进行基础性训练。通常情况下，父母必须在孩子3岁之前完成这项工作，因为这个时候，孩子的自我意识刚刚萌芽，逆反意识不够强烈，所以非常适合进行约束，给他们制订一些生活的规则，这些规则可以刺激孩子大脑内的眶额皮层进一步发育。如果此时无法顺利完成这项工作，那么孩子的人生将会受到严重的影响，其一生的发展轨迹都会发生改变。

02 把握人生各个时期的关键点

关于人整个一生的发展，著名的心理学理论就是美国心理学家爱利克·埃里克森的毕生发展理论。他相信，人在生活的每一个阶段都必须通过自我的机能应对生活现实，以顺利地适应现实，表现出正常的发展方式。人在生活的不同阶段会面临不同的危机或冲突，这些危机或冲突的出现是由人们在所处的不同时间段所体验的生物成熟与社会要求决定的。

这些危机和冲突非常重要，对于个人的生活与人生发展都会产生很大的影响，因此人们必须谨慎处理和应对，毕竟只有处理好当前的危机，才能为处理好下一次危机做好准备。对不同阶段危机的处理方式，显示出了个人自控力的起伏与变化。

0～1岁 婴儿面对的基本情况是信任与不信任，其基本的危机和冲突源于信任与不信任之间。由于婴儿不具备照顾自己的能力，母亲和最初的养育者成为最主要的社会代理人。婴儿必须对那些能够满足他们基本生活需要的人产生最基本的信任感，如父母或者其他亲人，他们都是能够给予信任感的人。但是如果一些父母拒绝照料婴儿，或者经常表现得不负责任，婴儿就会认为周围的世界和周围的人不可靠。

1～3岁 儿童有了一定的自主能力，必须学会吃饭、穿衣、保持清洁，必须对一些属于自己的生活负责，这是掌握自主能力的一个关键时期。如果儿童学会了自主，就掌握了最基本的自控能力，他们可以完成一些生活中的小事，可以对自己的某些行为进行控制。如果儿童没有形成自主能力，他们会变得胆小、羞愧和自卑。虽然这个时候孩子会出现自主性的萌芽，但父母仍旧是他们的社会代理人。

3～6岁 孩子的主动意识变得更加强烈，此时他们期待自己更快地成长起来并希望承担一些力所不能及的事情，此时父母的管束会让他们感到压抑，他们更希望依靠自己的想法和能力去做一点事，这样就容易导致他们和父母之间产生冲突。不过由于他们的社会活动能力非常弱，父母和家庭仍旧是他们重要的社会代理人，他们的自主意识会受到牵制，并且常常会因为与父母发生冲突而感到内疚。为了解决冲突和危机，这一时期的孩子在发挥主动性的时候，会尽量克制和收敛自己的行为，确保自己不与父母的权威或目标发生冲突。

6～12岁 处于这一阶段的孩子对社会生活更加向往，并且被要求掌握重要的学习技能。可是只有那些勤奋的孩子能够更好地掌握这些技能，并借此来确定自己的能力和价值，而那些不够勤奋且学习成绩不太理想的孩子会陷入自卑。此时，他们希望学习更多的知识和经验，老师和同伴成为他们最重要的社会代理人。

12～20岁 孩子进入了儿童期和成熟期之间的过渡时期，这个时候他们对自己有了更为明确的认识，并开始扮演自己的角色。此时，他们最大的挑战、危机和冲突都源于理性认知——"我是谁"，他们需要形成基本的社会同一性和职业同一性，有时他们会对自身所扮演的社会角色感到模糊，同伴和群体会带给他们很大的影响，也是他们最主要的社会代理人。

20～40岁 此时，人们开始追求稳定的生活和亲密的社会关系，渴望与人相处，渴望发展出更加亲密的人际关系，包括亲情、爱情和友情，以及一些稳定的社交人脉。为了确保自己更好地融入社会，他们会对自己提出更多的要求，但是一旦不能形成良好的社会关系，就会感到孤独和无助，就会将自己与社会及外在的世界隔离起来。这一时期，爱人、配偶和亲密朋友成为他们最重要的社会代理人。

40～65岁 进入中老年阶段后，人们会面对沉重的家庭负担和工作压力，会将更多的时间和精力用于培养下一代，以及满足下一代的需求，并期待自己变得越来越能干。那些不愿承担责任或者感到心有余而力不足的人，会陷入自我停滞的状态，而且会发现自己和整个社会文化产生脱节。这一时期，配偶、子女是重要的社会代理人。

65 岁以后 此时，人们开始进入老年生活，不再像之前的两个阶段那样，为了证明自己，努力承担家庭责任和社会责任，而是会静下心来回顾自己的一生，并对自己做出评价和反省。此时，他们面临的冲突是：要么回顾一段有丰富经历且富有意义的经历，要么就是对自己一生未能实现的愿望和未能达到的目标感到遗憾。可以说，一个人一生的经历直接决定了他处理人生最后一个阶段的危机的结果。

对于多数人来说，都会经历这样几个阶段，对这些阶段进行分析就会发现，1~3 岁是一个重要的分水岭，在这之前，孩子的自控能力基本上可以忽略不计，3 岁之后，他们的自主意识变得越来越强烈，自主行为也越来越多。

03 3岁以前，要趁早树立良好的生活规则

3岁以前是自控力中枢系统（眶额皮层）发育的关键时期，此时，孩子的自我意志系统中枢必须建立起来。他们需要了解一些最基本的生活规则，并建立起早期的生活规则，孩子本身不具有这种控制能力，需要父母进行积极的引导。

有关早期生活的规划问题，很多父母认为孩子还小的时候，没有必要动用规矩，也没有必要给孩子设定太多的框架，一切顺其自然就好。这样的想法显然存在很大的误区，因为任何良好的生活习惯和个人行为的养成都需要从小事做起，都需要从小做起，如果此时没有打好基础，孩子长大了就难以进行有效约束。奥地利心理学家维尔海姆·史戴克曾经说过：“婴儿的欲求，你越是满足他，他就会越升级，无限地增加，绝不会有满足的时候。为什么呢？因为婴儿心里的自我控制机制还不发

达，因此需要外界对其欲望加以必要的限制，这种限制也是越早越好。这样，婴儿就会借此学会放弃，学会满足。”

心理学家一般认为规则的建立可以从母乳喂养开始，许多孩子经常哭闹，母亲就会用喂乳的方式让孩子安静下来，或者说当孩子要吃母乳时，母亲就会立即给予满足。事实上孩子并没有建立起系统的、有规律的进食方式，很多时候他们哭闹是因为有进食的欲望，此时，父母绝不能以“想要就给”的原则带孩子，这样只会助长孩子一味地扩张欲望而难以自控。

为了提升孩子的自控能力，父母应该采取规律喂乳的方式，帮助宝宝建立起规律的进食习惯和生活习惯，这是最早建立规则的方式之一。规律喂乳的方式不在于时间间隔的长短，而是根据宝宝的进食习惯尽可能按照一定的间隔时间喂乳。

许多孩子在几岁、十几岁甚至青年期时，会变得非常霸道，凡事以自我为中心，只要自己想要什么，他人就必须给予满足，这种行为表现往往和家庭教育的失败有关，或许当孩子还是啼哭的婴儿时，父母就没能很好地遏制他们的欲望。规律喂乳实际上是一种欲望控制，这是帮助孩子进行欲望节制的一种有效方式，这种规律性可以刺激宝宝的眶额皮层发育，帮助宝宝更好地控制自身的行为。

建立早期生活规则的方式还包括沟通，这是教育孩子并帮助孩子提升自控力的另一个重要方式。对于 1 岁以内的宝宝，父母的语言（包括肢体语言）所传递的信号一开始并不会被他们所理解，类似于点头或者摇头之类的动作究竟代表了什么含义，宝宝们并不清楚。但是父母一旦将这些语言模式反复进行操作，就会帮助孩子更好地理解。比如，几个月大的宝宝，喜欢抓住大人的衣服，然后塞到嘴里咬，这个时候正确的做法是将孩子与衣服隔离开来，并且一直摇头。孩子并不能理解大人的动作，因此还是会趁大人抱着她的时候将衣服塞进嘴里去，但是每一次大人都会做出分离的动作并且冲她摇头。大约20天之后，她开始能够理解大人的动作了，只要大人一摇头她就会放开衣服。很显然，通过这种沟通方式，宝宝慢慢理解了大人给她制订的规则，或者说她会建立起“不能将衣服塞进嘴里”的规则。

这其实是一种不错的培训方式，对于孩子的一些不良生活习惯，父母都可以用沟通的方式进行训练，通过一些口头语言、表情及肢体动作反复对孩子进行暗示，帮助他们了解这些语言的含义。

美国心理学会曾经做过这样一个实验：研究人员让一位年轻妈妈和她一岁半的宝宝进行交流，一开始年轻妈妈对宝宝做出表情，而宝宝也会根据妈妈的表情做出积极回应——欢笑的声音、喜悦的表情，甚至肢体语言。3分钟后，研究人员要求妈妈不做任何表情，而且当宝宝做出任何动作时妈妈都不能给予回应。不到3分钟的时间，宝宝就对妈妈无动于衷的行为感到崩溃，四肢开始扭动。此时妈妈重新调整表情和行为，宝宝很快又被安抚下来。

通过这个实验，研究人员发现孩子0~2岁这个阶段，可以通过父母的表情和言行来进行自我控制，并对父母的表现给予回应。当孩子到两岁左右的时候，他们的自控力开始萌芽，在这个阶段，孩子会表现出一定的自控和克制能力。比如，很多年轻妈妈会给宝宝制作美食，妈妈会告诉宝宝："现在爷爷奶奶还没过来，必须等爷爷奶奶到家才能开动"，面对美食的诱惑，许多孩子可以坚持 4 分钟不去触碰美食。对于成年人来说，这 4 分钟也许并不能说明什么，但对于 2 岁的孩子来说，无疑是一个巨大的挑战。父母需要在这个时间段给予孩子更多的照料，帮助孩子了解生活的规则，并强化这些规则。其中忍耐和放弃是最重要的两项生活技能，也是建立自控系统的"硬件"。

学会放弃 "学会放弃"指的是告诉孩子有些东西不是自己想要就能要的，不适合自己或者不应该获取的东西，就要主动放弃或者让给别人。这种教育方式的目的是提升孩子选择的意识和选择的能力，这样可以帮助孩子更好地甄别自己需要什么、适合什么，同时，还可以适当控制自己的需求及欲望。

学会忍耐 家长应该教育孩子注意调节自己的情绪，抑制内心冲动的因子。这种抑制能力需要在不断的锻炼中得到提升和加强，当孩子遇到不顺心的事情时，才不会出现情绪失控的局面，忍耐能够帮助他们更好地调节自我，调节自己的适应能力。

在整个过程中，父母需要用自己的爱进行引导和约束，在孩子任性和以自我为中心时，父母需要保持坚定的反对态度，明确地对孩子的不合理要求说“不”。瑞士教育家裴斯·泰洛奇在《葛笃德怎样教育自己的孩子》一书中这样写道：“让孩子明白大自然是不会因为他们的暴力而改变的。比如，孩子敲一块木头或石头，但是木头或石头一点都不为所动。于是，孩子不再去敲。还有，母亲坚决不答应孩子的任性要求，即使孩子大叫大嚷气急败坏也丝毫不为所动，孩子就会停止叫嚷，慢慢地学会让自己的意志服从妈妈的意志。忍耐的萌芽、服从的萌芽就这样养成了。”

需要注意的是，孩子在3岁以前父母是他们社会代理人，他们对父母的信任程度很高，愿意让父母来帮助自己适应生活，因此父母本身就应该尽到自己抚养和教育的责任，要与孩子建立起更牢固的情感纽带，这样才能更好地影响和帮助孩子。

此外，父母也是孩子模仿的对象，父母必须注意自己的言行举止，给孩子树立良好的榜样。平时不要随意发脾气，不要随意与人发生争吵，做事要有条理，以免给孩子造成不良的影响。

04 3岁以后，培养孩子的情感和社会行为是关键

通过对人生成长的各个阶段进行分析，发现3岁是一个分水岭，3岁之前的孩子已经有了一些自主意识，这个时候，母亲或者其他养育者应当着手培养孩子的自控力，帮助孩子建立早期的生活规划。这样才能为孩子的成长奠定良好的基础，确保孩子在之后的成长道路上变得更具自控力，更能够适应社会生活。适应社会生活就需要表现出一定的社会性，需要掌握一定的社会技能，需要依赖更多的情感来维系社会关系，需要更为得体的社会行为来更好地展示自己在社会中的地位及在社会中的存在价值。

3岁 3岁的孩子，无论从生理上还是心理上，都具备了逐渐适应社会环境的条件。这个时候，他们的身心都会表现出一些重要的特征。

2 岁半 ~3 岁 许多父母发现孩子在 2 岁半到 3 岁这个阶段，突然变得安静，情绪变得更加稳定，不再那么吵闹，脸上的笑容也更多了。他们更愿意听从父母的话，会适当做出一些妥协，不再像过去一样为所欲为。他们开始进入一段稳定的成长期，快乐和友善的态度让他们获得了父母及周边朋友的认可，这是打造良好社会关系的开始。

3 岁之前的孩子严格遵守“你”和“我”的界限，几乎任何触碰到的东西都会被当成“我”的。到了 3 岁，他们开始有意识地在“你”和“我”之间打造沟通的桥梁，“我们”的概念开始产生。这个时候开始，孩子探索外部世界常常会以“我们”的立场开始：“我们一起吃掉这些蛋糕好吗？”“我们一起玩积木吧！”分享的想法开始萌生，开始尝到合作带来的快乐，这种最初的社会合作意识与社会合作关系慢慢建立起来。

3 岁之后 过了 3 岁，孩子开始关注别人的情绪、感受和想法，并且能够给予理解，他们开始改变以自我为中心的状态，尝试着换位思考。很多时候，只要父母告诉孩子别人的感受和想法，孩子就会有意识地控制和调整自己的行为。

当然，随着孩子自主意识的增强和社会观念的不断强化，权威人物在他们生活中的存在感越来越强，不仅父母的管束和家庭的规则会起作用，老师也开始扮演重要的管理角色。在和其他小朋友一同构建的朋友圈中，一些具有领导力的孩子脱颖而出，并且能够影响其他人的行为。

最重要的一点是，从3岁开始，孩子的各项能力全面提升，他们懂得如何将身体发育和能力提升有效结合起来，不仅情绪控制能力、分享能力、服从能力、肢体控制能力、生活自理能力（独立睡觉、穿衣服、脱衣服、自己洗澡、自己大小便、自己吃饭、收拾玩具）有了提升，他们的语言表达能力也会有一个很大的进步，词汇量不断增加，表达的逻辑性更加清晰，语言表述更加流畅，表达的欲望也更为强烈。

孩子在3岁的时候之所以会变得成熟，主要是他们的身体在这个阶段开始发育，大脑的自我抑制系统初步构建成形。这个时候孩子自控力的“硬件系统”已经构建完成，父母应当专注于构建孩子自控力的“应用软件”，即自我控制和自我管理能力。

自我控制是对个人行为和情绪的控制，这是儿童社会性发展的重要任务之一。心理学家认为，自我控制能力是儿童的一项重要能力，缺乏自控力，不仅会导致儿童早期的许多问题，如，攻击行为、注意力缺陷等，还是诱发暴力、酗酒、青少年怀孕等社会问题的根源。这个时候，父母需要专注于培养和提升孩子的认知行为，包括亲社会性、道德进化、攻击抑制、社交模式、性别观念等。

亲社会性　亲社会性的培养主要在于多进行亲子互动，鼓励孩子多出去走走，多和小朋友交往。父母需要教育和引导孩子在处理社会关系的过程中表现出友善、谦让、分享、尊重、关爱的态度，确保孩子能够更好地处理好社会关系。

道德进化 道德进化的培养在于强化孩子的道德观念，比如，提醒孩子多关心身边人，做一些他人认可且符合规则的事情，保持谦让、勤俭、礼貌等优秀的品德。

攻击抑制 攻击抑制在于抑制孩子的攻击性行为，引导他们释放不良情绪，并鼓励他们以更合理的方式来处理矛盾，应对社交困境。在3岁的时候，孩子的攻击行为会减少，但是父母仍旧需要进行制止和给予适当的惩罚，耐心讲述攻击行为可能产生的坏影响。

社交模式 社交模式的强化主要是指强化与同伴之间的关系，鼓励孩子更多地和朋友或者同学一起玩耍、分享、合作，强化“我们”的概念，使他们能够从中找到乐趣，并且建立合作意识。

性别观念 性别观念培养指的是父母从小就要教育孩子养成“男女有别”的性别观念。在3岁的时候，孩子会对异性产生好奇，并且隐约意识到彼此之间的一些不同点，此时父母应该因势利导，进行早期的性教育，传授基本的生理知识，让孩子对异性和性有一个最基本的了解。这个时候，父母一方在对待异性孩子时，应该适当保持距离，包括孩子洗澡、上厕所及换洗衣服，都要懂得回避，而且不要出现太过于亲昵的一些动作。这样可以帮助孩子建立正确的性别观念和健康的人格。

心理学家认为幼儿园三年的成长时间非常重要，父母必须好好把握这段时间，应该意识到孩子的主要任务并不是学习多少知识，而是养成良好的生活习惯和行为习惯，以及提升生活自理能力、掌握社交技能、培养规则意识、学会分享和感恩等更为重要的东西。

自我管理能力主要包括情绪管理、时间管理等方面，和自我控制不同的是，自我管理通常侧重于对自身行为的管理，比如，自己的事情自己做，自己的事情自己做出选择，自己的事情自己承担后果。自我管理以自主意识的萌芽为前提，主要注重孩子独立能力的培养。在一些生活事务上，父母可以鼓励孩子自己去做，比如，独立完成作业，独立整理自己的房间；在一些有关选择和决策的问题上，父母应当鼓励孩子提出自己的想法，做出自己的决定；在情绪表现和情感表达上，父母要引导孩子表达情感与释放情绪，鼓励孩子换位思考。

无论是自我控制还是自我管理，本质都是对情感表达和社会行为的一种约束，都是为了能够更好地适应社会，打造更加和谐的社会关系，这对于孩子以后融入社会生活有很大的帮助。

持续提升，强化孩子的自控力

第3章

01 自控力有界限吗

在培养儿童自控力的时候，父母通常都会专注于掌握培养的方法、模式及目标，却很少有人想过这样一个问题：自控力的不足或者缺失是否意味着它有界限？

有关自控力是否存在界限的说法一直是心理学家研究的一个重要课题，有很多人会这样想："我什么事情也没有做，只是单纯地思考和控制某些行为，根本没有什么疲劳感可言，也不存在能量消耗的问题。"之所以会产生这样的想法，主要原因是人们会单纯地将体力活动当成能量消耗，而忽视了大脑的消耗。这样的想法显然不够合理，大脑消耗掉的能量非常惊人，甚至可以说，大脑是整个身体中最消耗能量的器官之一。一个人在思考、分析、克制的时候都需要依靠大量的能量来维持。自控行为是一种能量消耗，而且它是有限度的，就像肌肉一样，人们不可能无限使用和消耗它。一个人如果一直在做事，那么肌肉的力量就会慢慢消失，整个人会变得筋疲力尽，即便再强壮的人，他的肌肉力量和身体能量也是有限的，必须通过休息和能量补充来恢复精力。自控力也是一样，它本身需要消耗能量，如果自控行为一直存在，那么能量消耗就会一直发生，可是人的能量却不是源源不断的。

如果让一个孩子盯着食物看，并且告诉他现在不能吃，那么一开始他可能会克制自己的食欲，只是站在边上拼命咽口水，可几分钟之后，孩子可能就会直接选择动手去拿。父母或者其他成年人或许会认为孩子不够听话，事实上，是因为孩子的自控力一直都在消耗，等到自控力消耗完之后，孩子就会彻底失控。

如果对孩子的行为表现进行观察，就会发现越是年纪小的孩子，自控能力越弱。他们对于食物的诱惑缺乏抵抗，一些孩子见到食物就想往嘴里塞，就像婴儿时期吃母乳一样。有的孩子会适当克制，但这种克制也是有限度的。当孩子吃东西的欲望越来越强烈，或者肚子越来越饿时，自控力就会消耗殆尽。

一般情况下，年纪越小的孩子，在面对食物诱惑时，越是缺乏最基本的抵抗力和自制力。成年人能够抑制自己的饮食冲动，孩子一旦觉得不开心或者不舒服就会大声哭闹。在成年人的世界里，这样的行为不被接受，也不太可能发生，因为成年人会对自己的行为进行评估和控制。

另外，自控力的强弱还与时间段有关。一天的时间中，人们的自控力是逐渐降低的，早上起床之后的自控力可能是最强的，此时的生活和工作状态也是最好的。对于孩子来说，情况也差不多，一整天的能量消耗会导致自控力不断降低。

自控力会随着时间的推移而产生相应的波动和变化，这就表明了它是有限度的。大脑内部的器官组织能够下达自控的相关指令，但是反复的控制会增加大脑的能量消耗和负担，导致大脑陷入疲劳，而这个时候自控力就会慢慢消失。

心理学家罗伯特·科兹本认为自控时大脑每分钟消耗的能量比大脑处理其他问题时消耗的能量要多，但不会超过跑酷运动消耗能量的一半，比散步也要少很多。那么大脑为何不多分配一些能量给自控力呢？按照心理学家的说法，大脑是个非常吝啬的管理者，只愿意提供很少的能量，一旦身体出现能量流失，它就会变得谨慎，并会一直担心能量消耗过度。保险起见，它会尽可能地保存能量，从而消减能量的预算和支出，它也会非常细致地安排好每一项能量支出。不巧的是，自控行为刚好需要消耗很多能量，这自然会让大脑感到不满和担忧，为了做到开源节流，自控行为刚好成为大脑针对的对象。显而易见，大脑并不太愿意提供更多的能量让人们用在抵抗诱惑、集中注意力、克制自己的情绪和行为上。对大脑来说，这种能量消耗是一种奢侈的举动。

行为经济学家罗伯特·德沃夏克就曾提出了大脑能量预算的观点，它认为当能量充足的时候，大脑会显得大方一些，会支出更多的能量，可是当资源和能量减少的时候，大脑会变得非常谨慎。孩子的自控力本来就偏弱，身体的能量也不多，因此大脑就会显得过于吝啬，更加重视能量的存储。

当大脑不愿意提供更多的能量时，自控力也就失去了能源的支持，从某种程度上来说，能量决定了自控力的上限，或者说大脑提供的能量决定了自控力的上限。尤其是当能量不足的时候，大脑更容易放弃对自控行为的支持。这一点并不难理解，就像孩子觉得肚子很饿时，就不会理会饭桌上的人是不是到齐了，不考虑自己是不是应该先洗手，不在乎是不是应该用筷子吃饭，而是直接伸手去抓。因为在饥饿的状态下，个人精力不足、能量不足，大脑不会额外给自控行为分配能量和资源，而是直接选择满足当前的需求：吃饭。不仅如此，他们甚至愿意采取冒险的行为——动手抓饭，尽管他们会因此遭到责骂，还可能会烫伤手。

对于儿童来说，自控力本来就偏弱，大脑也没有为自控行为提供足够的能量。在资源好、能量充足的时候，大脑会稍微慷慨一些，但是这种慷慨并不能持续太长时间，一旦大脑发出能量不多的预警，儿童的自控力就会迅速下降。

02 自控力需要消耗意志力

最近，有个朋友去参加家长会，发现老师给女儿写了这样一段评语：“汝汝同学活泼可爱，但是意志力不足。”对此她感到非常疑惑，女儿平时在家非常独立，做事也很有条理，经常自己收拾房间，还主动洗碗，父母让她做的事情也都会积极完成。为什么到了学校反而变得不那么听话了呢？

朋友向我诉苦，甚至认为老师的教育方式出了问题，当然她还是诚恳地希望我能够给予一些建议。我告诉她：“孩子在家里和学校里的表现不一致并不稀奇，因为学校里的约束更多，孩子常常要吃一些自己不喜欢吃的饭菜，要接受一些勉为其难的指令，还可能要面对一些不喜欢的小朋友，甚至有些自己喜欢做的事情也会被禁止。”

在理解我的这番话之前，我们先谈谈有关意志力的一个著名实验。心理学家罗伊·鲍迈斯特曾经分别邀请三组测试人员做一些无解的题目，并对三组人员进行明确分工：第一组测试者直接做题，第二组、第三组的成员先饿一段时间，然后进入一个存放着大量的烤饼干和萝卜的房间。实验规定第二组的测试者可以随便享用饼干，第三组的成员只能吃萝卜，吃完之后才去做题。实验结果显示，第一组测试人员与第二组测试人员在做这些根本没有答案的题目时坚持了大约20分钟，第三组成员平均只坚持了8分钟。那么为什么会出现这种差异呢？罗伊·鲍迈斯特对此做出了解释：第三组测试者在房间里要面对饼干的诱惑，由于不能吃饼干，他们不得不花费大量意志力来对抗这些诱惑，以至于意志力被大量消耗掉，在做题的时候自然难以坚持更久。

这个实验强调了一个观点：一个人想做的事情不被认可或者不被允许时，内心的欲望会与现实发生激烈的对抗，这种对抗就是意志力消耗的罪魁祸首。理解这一点并不难，孩子喜欢吃零食，但很多零食是不健康的，可相比于饭菜，这些零食在口感上更具诱惑力。如果父母不允许孩子吃零食并坚持让他们按时吃饭，那么孩子的意志力就会在对抗零食的诱惑中不断丧失。同样的，当孩子不被允许看动画片时，他们的意志力一样会被消耗掉。接下来，当母亲要求孩子做作业、扫地，或者整理房间时，他们会表现得非常抗拒。

我的母亲最近也发现了这个问题，当她让萱萱看完喜欢的电视节目之后，萱萱就会乖乖收拾好自己的小书包，还会把桌子上的画笔和本子放整齐。如果到了动画片时间却不能看电视，她就会闹小脾气，或者将本子胡乱塞进书包，甚至将画笔丢得到处都是。此时，孩子不仅是闹脾气那么简单，意志力的过度消耗会影响她接下来的表现。

这里涉及意志力消耗和执行力的问题，从心理学的角度来说，执行力实际上是一种内隐的记忆，它综合了当事人自己的许多人生经历，不仅如此，这些经历会导致个人的大脑结构发生一定程度的改变。一旦当事人被要求做一些不想做的事情，大脑由于缺乏相应的应对机制就会释放出抵触情绪。此时，当事人容易进入一种“低意志力均衡陷阱”，他做事就容易失去控制，或者说自控力会降低。

考虑到人们不可能一直都按照自己的意愿去生活，因此意志力的消耗在生活中普遍存在，孩子不能总是看动画片、不能出去玩耍、不能享用美食、不能听故事或者玩玩具，他们不得不面对其他一些“看起来有点讨厌”的事情，诸如锻炼身体、做作业、收拾房间、按时午睡。父母们要告诉并要求他们做一些力所能及的事情，这是丰富他们生活经历，培养个人能力的一种方式。

因此，真正的问题还是回归到了家长的疑惑：“为什么孩子有时候会表现得很正常，有时候会显得意志力不足呢？”问题很简单，孩子的意志力原本就不够强大，尽管这些情况有时候不一定会表现出来，但是一旦遭遇了消耗性的事件（学校里的消耗性事件更多），意志力不足的缺陷就会立即显现出来。为什么有的孩子会乖乖地听大人的话去做作业，能够和大人一样按时吃饭，原因就在于这些孩子从小就养成了强大的意志力，所以即便是做一些不想做的事情，他们仍旧有足够多的意志力来控制自己的行为。

孩子的自控力培养和意志力提升是同一个概念。一方面，父母需要意识到自控力的消耗问题，培养孩子的自控力从而确保孩子可以对自己的行为负责。另一方面，既然意志力和自控力本身会消耗大量能量，父母就应该及时帮助孩子补充能量，帮孩子提升意志力和自控力。

03 自控力源于自我认知和自我定位

有个小学老师曾经向我反映过一个情况：班上有个孩子非常调皮，经常搞破坏，而且学习成绩很差，无论她如何教导，这个孩子依旧我行我素。有一次我去学校进行心理调研，老师特意带这个孩子过来。通过谈话我发现这个孩子有“我是一个坏孩子”的想法，这种自我定位导致他在处理学习和人际关系的问题上比较消极，比如，他会觉得自己没有必要表现得更好一些，因为他觉得自己做多好都不会有人认可。

这一类情况在很多孩子身上都存在，他们有一种自暴自弃的想法。一些孩子认为父母偏爱自己的兄弟姐妹，因此认定自己无论做什么都不会得到父母的关注，这会导致他们在生活上放纵自己。还有一些孩子对自身能力认识不足，他们无法弄清楚自己是否有能力做好某件事，或者说在做某件事时有过一些不愉快的经历，因此他们最终会放弃继续做。

邻居希望孩子能够学习绘画，并且认为孩子一定可以在绘画上取得好成绩，可是学习了一段时间之后，孩子的绘画并没有进步，有一次还被同学嘲笑画得四不像。这样的评价让孩子非常受打击，之后他便开始抵触画画，不再像过去那样每天都能坚持两个小时，即便母亲再三督促，他也只是敷衍了事。原因很简单，孩子已经对自己的绘画能力失去了信心。

当孩子认为自己不行或者自己无法创造某种价值的时候，就会失去耐心，其行为也会慢慢失控，或者说不打算再约束自己。这就是孩子的自我认知和自我定位的问题，也是儿童成长过程中需要重点关注的心理问题。积极正确的自我认知有助于帮助孩子更好地掌控自己的生活，而消极的、不合理的自我认知则会导致自卑和自控力差等问题。

正因为如此，父母应当帮助孩子树立正确的自我认知和自我定位，帮助孩子解决心理和情绪上的障碍。最常见的就是鼓励和引导孩子去认识自我，帮助孩子挖掘自身的优势和潜力，并且将这些优势当成兴趣培养。当孩子意识到自己在某些方面具有优势和天赋时，他们的自信心会得到提升，而自信心是支撑孩子行为的主要动力。

通常情况下，父母要引导孩子做自己擅长的事情，如果孩子动手能力强，父母就给他们买一些可以组装的玩具；如果孩子表达能力很强，就鼓励孩子给其他小朋友讲故事；如果孩子在运动方面表现出特别大的兴趣并且有天赋，父母就鼓励他们参加运动比赛。通过发挥自身优势，孩子的自信心就会建立起来并得到强化，就会在做其他事情的时候同样信心满满而且耐性十足。心理学家发现那些在群体中表现得比较自信的孩子，他们的自控力比其他孩子更加好，他们清楚自己可以做到哪些事，而且能够抑制自己那些层出不穷的想法。

除了挖掘优势之外，培养自信最重要的一种方式就是鼓励。父母应当给孩子更多鼓励，经常告诉孩子“你很棒”“你做得非常出色”“你真是妈妈的好孩子”。这些鼓励可以让孩子对自己的行为有更明确的认识，也会渐渐意识到自己是可以完成某些事情并赢得父母的认同的，因此他们会在之后的生活中表现得更加出色。此时，父母还可以引导孩子培养一些良好的生活习惯，在自信心的支撑下，孩子会表现得越来越出色。

记得一开始萱萱吃零食的时候常常会撒得到处都是，我便有意识地鼓励她将地板扫干净，并且告诉她只有最聪明的孩子才会扫地。萱萱将信将疑地按照我说的去做，虽然做得并不是那么好，但是我仍旧称赞她做得很棒，而且还特意在家人面前夸赞了她一番。在那之后，她便养成了打扫卫生的好习惯，只要发现地上有脏东西或者自己吃的食物掉在了地上，她就会跑去拿扫帚。这就意味着她已经形成了一个比较清晰的自我认

知和自我定位：“我是一个聪明的孩子，我能够帮助妈妈搞好卫生。”

对孩子来说，父母的赞美非常重要，能够让他们以更大的积极性来处理生活中要面对的事情。

无论是引导孩子发现优势，还是鼓励和认可孩子，其本质都是为了帮助孩子建立积极正确的自我认知，让孩子在家庭、学校及朋友中找到一个合适的定位，这个定位会帮助他们进一步规范和矫正自己的行为。就像他们自己认为的那样：“既然一个好孩子应该是这样的，那么我就要成为这样的。”“既然我是一个好孩子，那么就应该表现成这个样子。”

通常情况下，父母认为孩子缺乏足够的自我意识，他们不清楚自己到底在干什么，也不清楚自己究竟是什么样的人。其实这是一种错误的想法，当孩子的自我意识开始萌芽时，他们就会根据外在的刺激和反应来认识自己及自己的行为，如果外界的反应比较混乱，他们就容易在定位中迷失自己，儿童是这样，成人也是这样。因此，父母应当积极为孩子进行合理的自我认知和自我定位创造良好的条件。

04 意志力会“传染”，让孩子接触更多意志力强的人

心理学家和医学家提出肥胖也会传染，如果一个群体中有很多人比较肥胖，那么这个群体中的其他人得肥胖症的风险就会非常高。这个问题在孩子身上表现得非常明显，经常在一起玩耍的孩子会出现肥胖“传染”的情况。这样的情况曾让医学家困惑不已，因为肥胖并不是一种病毒，从理论上说根本没有传染的途径。经过观察和分析，心理学家发现：经常在一起的孩子会产生更多相似的特点，这是群体趋同性的一种表现，简单来说，就是一群经常待在一起的人，他们的生活习惯和爱好有渐渐趋于一致的倾向。如果有孩子喜欢吃甜食和油炸食品，并且难以管好自己的嘴巴，那么就可能会对其他孩子造成影响，其他人也会跟着吃甜食，甚至一些平时善于控制饮食的孩子也会打破自己的生活习惯，这个时候肥胖症就实现了“传染”。

这种传染实际上是一种意志力“传染”，换句话说，当一个群体中有人面对意志力的挑战时，其他人可能会面临同样的状况，并且他们会效仿之前接受挑战的人。也就是说，有的孩子会模仿其他人的行为，这种模仿就是意志力“传染”的一种表现。

心理学家认为每个人的大脑中不只装着一个自我，而是有很多个不同的自我在争夺身体的控制权，这里面包含了勤奋的自我、懒惰的自我、习惯偷懒的自我、缺乏管教的自我、充满欲望的自我、积极克制的自我、现在的自我、过去的自我、将来的自我。孩子的大脑尽管发育得不那么健全，但是已经懂得如何将自己与其他人巧妙地联系起来，这归功于一种特殊的神经元——镜像神经元，它的任务就是负责观察和理解其他人的经历。而事实上，无论是多个自我，还是镜像神经元的功效，都为意志力“传染”创造了条件，比如，当某个孩子伸手抓零食吃的时候，其他孩子也不自觉地想要伸出手去抓；当某个孩子津津有味地吃着零食时，其他孩子也会不自觉地咽口水，并且想象着自己正在吃零食，这个时候可以说其他孩子的自我变成了吃零食的自我。

由于镜像神经元的作用，孩子的意志会发生传染，一些孩子抑制冲动情绪时，其他孩子也可能会受到影响，这个时候意志力的传染是积极正面的；当孩子情绪失控或无法抵制诱惑时，负面的意志力开始传染，其他孩子的意志力和自控力也会减弱。

许多家长抱怨孩子在学校里学习时非常认真，可是一回到家就不看书，不做作业，尤其是到了假期，常常一连好几天都不会翻开作业本，这让家长感到疑惑和头疼。一些家长认为孩子长时间待在家里会变得不喜欢学习，而且在学校养成的好习惯都会忘记，导致学业被荒废掉。之所以会如此，主要原因就在于学校中的学习氛围更好，老师会认真监督每一个学生学习，学生会在大家学习的热情下变得更加认真。同理，当孩子和一些不受约束的小伙伴一起玩耍时，就会释放自我；当孩子和自律性比较强的人长期待在一起可能会产生更强大的意志力。

所以对于父母来说，一定要为孩子创造良好的生存环境，争取让孩子接触更多自控力很强的人，或者让孩子和自控力比较强的人待在一起。这样一来，对方的良好习惯往往会对孩子的行为产生积极影响。

关于孩子的学习问题，我曾经给家长提过一些建议，其中一条就是让孩子和那些学习成绩好且有良好学习习惯的人在一起学习。如果老师能够意识到这一点，就要对学生的座位安排进行合理搭配，比如，按成绩高中低三个层次安排座位，尽量安排那些非常自律的孩子和那些学习意志薄弱的孩子在一起，这样就可以形成良好的榜样效应，并且保证成绩好的不会被成绩差的带坏。通常情况下，老师会偏向于进行分类，让成绩好的坐在一起，成绩差的坐在一起，这样会导致成绩好的变得更好，成绩差的变得更差。

我的女儿对钢琴有一定的兴趣，但她练习的劲头不足，常常练几分钟就会厌烦，虽然我并不勉强她非要练好钢琴，只希望她找到自己的兴趣点，然后从中养成一些良好的习惯。所以后来我就经常邀请她的表姐来家里玩，这个小表姐比女儿大几岁，平时也练钢琴，而且非常自律，每天都会练习至少两个小时。每次她来家里玩，都会练习弹钢琴，这个时候我的女儿也会变得非常积极，练习钢琴的时间也逐渐增加了。

每一个人的意志力都会产生波动，孩子在这一方面的波动更大，外在环境的刺激往往会影响他们的意志力和自控力，其中诱惑刺激及情绪刺激更为明显。对于孩子来说，他们或许更应该和那些能够抵制美食、抵制欲望、性格脾气更稳定的孩子待在一起。

除了寻找好伙伴之外，父母应该注意到一点，在儿童早期的生活中，父母与孩子接触的时间最长，可以说父母的一言一行都会对孩子产生影响，父母的意志力也会传染给孩子。所以，父母应该想办法提升自己的意志力，在生活中注意克制自我，这样才能有效帮助孩子提升意志力。

05 先让孩子做一些力所能及的小事

许多父母都反映，他们曾要求孩子养成良好的生活习惯，可通常只能坚持几天，这让他们感到非常苦恼。其实这些父母过于急功近利，一方面强制手段会让孩子觉得不舒服，另一方面自控力和意志力的培养不是一蹴而就的，它需要一个漫长的过程，而父母通常都希望短期内解决问题。

当父母在短时间内提升孩子的自控力或者督促孩子养成良好生活习惯时，就容易引发一些问题。一个最常见的例子是“如何让孩子养成吃蔬菜的好习惯”，在向我咨询的年轻父母中，有很多都会提到这个问题。很多孩子不喜欢吃蔬菜，肉类的吸引力显然要比蔬菜更大，父母在解决这个问题时一定要保持最基本的耐心，不要试图强制孩子吃蔬菜来达到立即改变饮食结构的目的，任何一个厌食或者偏食的孩子都不可能在短时间内做出改变。在培养孩子意志力的过程中，需要逐步积累，而不是强制性地让孩子一步到位，告诉孩子“你今天必须吃掉这些蔬菜”或者“你以后必须天天吃蔬菜”。我见过一个朋友拿着棍子逼孩子大口大口咽下青菜和萝卜，这种做法让孩子对青菜和萝卜的惊恐和排斥与日俱增，因为这些蔬菜不仅折磨他们的胃，还折磨他们的精神。这一类暴力喂食的方式不可能真正取得长远的效果，孩子会在整个吃饭的过程中产生心理阴影。

在引导孩子养成良好生活习惯及培养意志力的时候，应该坚持循序渐进的原则。心理学上有一种独特的方法叫不减量计划，即先尝试着做出改变，不要贪多。刚开始每天只做一些简单的改变和调整，或者做一些力所能及的小事，孩子对于这些细微的改变和调整通常不会太过抗拒，因此容易坚持下去。这些简单的调整主要是为了建立自信，一旦形成习惯后，就可以逐渐增加改变的量及做事的难度，并以此来试探孩子的反应，强化孩子的接受能力。

我的女儿曾经非常讨厌吃西红柿，一开始我并不着急劝她吃西红柿，而是在她的饭菜中偷偷夹入一些小块的西红柿，有时候她会发现这些偷偷混入饭菜中的“不速之客”，但是由于量比较少，也就没有放在心上，对她来说，吞下这些并不困难。接下来的一段时间，我会适当增加一些量，并且会刻意告诉她今天的饭菜里有西红柿，然后观察她的反应，如果她对此并没有表现出太过明显或者强烈的抗议，我就会鼓励她吃下去。

整个过程大约持续了半年，有一天我发现萱萱会主动夹着西红柿往嘴里送，尽管西红柿并没有成为她食谱上的重要食物，也不算是“受欢迎的食物”之一，但她的确养成了不挑食的好习惯。

对于孩子来说，任何改变都是一个逐步适应的过程，他们的选择和接受能力也一样，父母也应当以这样的方式来帮助孩子提升自控力。制订一些小任务，并且以阶段性的方式出现，作为实现大目标的步骤，其中每一个小任务都在为后面要执行的任务做铺垫，彼此之间环环相扣、循序渐进。这种方式符合儿童的成长规律和行为模式，因为他们没有办法在短时间内做出改变，就像父母不能期望孩子在短短几天之内就变得懂事乖巧，一切必须从最小的改变开始。

这就类似于个人制订的长期目标、中期目标和短期目标，在短期目标内还可以划分成每天要做什么，每周要完成多少工作，每个月应该达成的目标。长期目标就是大的执行目标，短期目标和中期目标都是被分解的任务，它们是实现这个大目标的基础，而整个实践和追求的过程是呈阶段性发展的。短期目标的实现是为了实现中期目标，中期目标的实现是为了达成长期目标。父母在培养孩子自控力的时候，需要制订比较详细的目标和步骤，然后引导孩子按照步骤一步步培养自控力。

很多孩子会对一些要求感到抗拒，有一部分原因在于他们觉得达到这样的目标太困难，他们从一开始就意识到自己与父母期望有很大的距离。而分解任务是一个有效消除距离感的方法，可以逐步提升孩子的自信和耐心。这种距离感会让他们产生压力并出现一些不安全感，父母应当帮助他们建立起一种安全感和信任感，即让孩子意识到自己这么做不会带来太大的负担，或者说至少自己不用承担太大的压力。这种安全感大多时候都来源于个人对生活及生活中所面临的事件的感知，而选择从一些简单的小事入手，并不会对他们脆弱的意志力产生过多的消耗。

除了采取循序渐进的方式之外，想要确保整个过程更加顺畅，父母就要尽可能减少孩子情绪上的抵触，适当进行激励是非常不错的方式。这些激励并不仅仅是口头上的赞美和鼓舞，还包括物质上的奖励和引导。我经常会告诉孩子“只要吃完这些西红柿，就可以吃一根香蕉”，或者“你吃完这些西红柿，妈妈就给你讲故事”。通过慢慢的调整和适应，每天适当增加一些西红柿的量，孩子最终会接受西红柿进入自己的菜谱。

对于儿童来说，他们的接受能力和调整能力是有限的，因此想要养成良好的习惯，形成强大的自控力，就需要按照步骤先让孩子做一些他们能够做到的事情，这样才能够更好地促进孩子的成长。

06 保持专注，提升抗干扰的能力

从心理学的角度来说，专注力其实就是自控力的“试金石”，专注度越高的人，自控能力往往也越强，他们在做事的时候可以保持更稳定的心态，预防更多的干扰。所以在培养儿童自控力的时候，我通常都会建议父母先注重对孩子的专注度进行培养。

相信很多家长都会思考这样一个问题：“为什么我们家的孩子做什么事都不专注呢？”注意力分散确实是儿童面临的一个大问题，许多孩子常常会一边吃饭一边看电视，结果饭菜都凉了，也没有吃完；有些孩子吃着吃着就睡着了；有些孩子常常一边听着妈妈的话，手里一边把玩着玩具；许多孩子明明在写作业，还是会不自觉地和其他人说话；一些孩子上课不专心，总喜欢开小差；还有一些孩子在幼儿园做游戏时不认真，总是东张西望。

注意力分散是儿童身上一种比较普遍的现象。2~3 岁的时候，孩子的专注时间为 10~12 分钟；4 ～ 5 岁时，孩子专注的时间基本上为 12~15 分钟；5~10 岁时，可以提升到 20 分钟左右；10~12 岁的孩子大约有 25 分钟的专注力；13 岁以后的孩子一般可以达到 30 分钟的专注度。如果儿童表现出来的专注严重低于所处年龄阶段的标准，就是自控力不足的表现。

可以说儿童是具备一定程度的专注度的，只不过这些注意力容易受到各种外在因素的干扰，很容易被外在事物吸引，窗外飞过的小鸟、孩子的喊叫声、偶尔的一些轻微响动、精彩的电视节目，都会让他们走神。一般情况下，父母和老师都会想办法给孩子营造一个良好的生活空间，比如，控制好孩子看电视的时间，让孩子远离嘈杂的环境，给孩子创造一个安静的生活空间和学习空间。但是父母真正应该要做的是帮助孩子提升专注度，提高注意力，而这需要制订详细的培养计划。一种有效的方法就是讲故事，孩子喜欢听故事，而且容易在故事中保持专注，只不过父母应当设定好讲故事的时间，比如，在孩子 2~3 岁的时候，此时孩子的专注时间为 10~12 分钟，父母可以将故事延长到 15 分钟左右。这样就能有效延长孩子的专注度。对于 4~5 岁的孩子而言，孩子专注的时间基本上为 12~15 分钟，父母可以讲一些 20 分钟左右的精彩故事。依此类推，父母可以针对不同年龄阶段的孩子制订不同的培养计划。在这个过程中，孩子会进行自我控制，逼迫自己延长时间。有时候，父母可以选择让孩子在一个相对嘈杂的环境中听故事，或者在一个充满诱惑的环境中讲故事，这对孩子的意志力是一个极大的挑战。

有个经验丰富的亲子教育学专家告诉我这样一件事，他曾带孩子去菜市场写作文，孩子必须在30分钟内写出一篇作文。据他回忆，一开始孩子会因为被外面的声音打断而感到生气，情绪起伏非常大，可是他要求孩子必须按时完成任务。为了保证顺利写好作文，孩子不断逼迫自己保持安静和专注的状态，不断提醒自己应该避免嘈杂声的影响，后来孩子每天都能够轻松地在菜市场完成写作。

这是一种比较另类的教学方式，毕竟直接将孩子暴露在嘈杂的环境中，本身就会产生很强的冲击性，但是培养的效果很好，因为孩子具备自我管理的意识和自我管理的能力，他们会在特定的条件下不断强化这种能力。

培养意志力的另一种好方法是做游戏，心理学家认为儿童的专注度大都是在玩耍、游戏、运动、户外活动中建立起来的，因为这些活动更容易激发他们的兴趣，因此也更容易获得足够的锻炼。我平时会叫萱萱玩一些拼图游戏，她会非常认真地在一大堆碎卡片中寻找最合适的切入口，每次玩游戏的时候，萱萱都很专注，很认真，而这种认真也会体现在其他事情上。

除了拼图游戏之外，还有几款游戏可以有效培养孩子抗干扰的能力。

数石子游戏　父母可以要求孩子将一堆石子数清楚，当孩子数的数量越来越多的时候，就越容易保持专注，孩子怕被打断之后要重新开始。这一类游戏可以将孩子的注意力集中在数字的排列上，孩子会专注于上一个石子数到了几，这个石子要数到几，以及下一个石子会数到几。

木头人游戏 父母和孩子可以齐声说：“我们都是木头人，不许讲话不许动，还有一个不许笑！”然后彼此相互监督和观察，看看谁先讲话、谁先笑及谁先动，双方可以保持任意一个姿势和表情，但是必须保持不动。这对孩子来说是一个非常有趣的游戏，可以有效提升他们的专注度和自控力。同类型的游戏还包括彼此之间盯着对方的眼睛看，如果谁先动，谁先笑，那么谁就输了。

无论是直接让孩子在不良环境中进行锻炼，还是进行游戏，父母都要注意给予孩子积极的回应。当孩子表现得足够专注的时候，父母应该给予表扬，这样就会对孩子的发展产生积极影响。

07 树立自我意识，才能自我控制

随着儿童不断发育成长，他们的自控意识会逐渐增强，此时父母应当督促他们学会控制一些事情，学着如何提升和锻炼意志力，这种锻炼就类似于肌肉锻炼。通常可以从一些非常小且容易做到的事情开始，或者学着控制自己以前不会控制的事情，以此来训练自控力，提高整体的意志力。这些小事包括改变一些不良习惯性姿势、戒掉垃圾食品、记录一天的时间消耗等。虽然这些小小的自控锻炼看起来无关紧要，但它能够培养孩子的自控力和专注力。比如，抵制食物的诱惑，坚持一天不接触零食，坚持先做好作业再看电视，或者控制好自己的情绪，使自己处于更加理性的状态。

如果父母想要进行更具针对性的训练，就要从儿童自带的自控体系入手，比如，眶额皮质分为三个功能区间，分别负责“我要做”“我不要”及“我想要”，其中“我要做”主要处理一些枯燥的有压力的工作，“我不要”主要负责抑制冲动，“我想要”主要处理欲望和目标。同眶额皮质一样的是，真正的意志力就是为了驾驭“我要做”“我不要”及“我想要”这三种力量。

因此，在锻炼自控力的时候完全可以从这三个方面进行培训。

我要做　父母需要督促孩子做一些有压力但应该做的事情，在这之前父母应该让孩子意识到哪些事情是自己必须面对的，比如，认真做作业、按时睡觉、整理玩具、自己洗脸、多吃蔬菜，或者每天都记得向父母问好。每天都要坚持做这些事，等到形成习惯后，孩子再遇到类似的事情时，就会产生“我要做这件事”的想法，或者说眶额皮质会强化这些想法。

在萱萱3岁左右的时候，我就开始督促和引导她用筷子吃饭，尽管这对她来说有不小的难度，有时候她会觉得很费劲和沮丧，生气的时候还会将筷子丢到地上。但我一直提醒她这是必须学会的技能，这样才能够像妈妈一样夹菜和吃饭，在接下来的很长一段时间内，她都是这样吃饭的，我甚至不会去帮忙。后来，她慢慢地适应使用筷子吃饭，并且动作也越来越熟练。从那之后我给她拿勺子吃饭时，她都会激动地提醒我：“筷子！筷子！”很显然，此时的她已经适应了筷子在生活中扮演的角色。

我不要　有很多事情是应该做的，有很多事情是不能做的，父母同样需要将这些信息告知孩子，比如，孩子喜欢在吃饭的时候看电视，喜欢吃零食，喜欢说谎，喜欢骂人，总是把房间弄得乱七八糟，父母需要明确地告诉孩子这些事情是不能做的。通常的做法就是反复提醒和告诫，或者当孩子犯错时直接给予警告和惩罚，这样就能够帮助他们辨别哪些事情不能做，并且养成“不做”的习惯。经过长时间的训练，孩子遇到此类事件时就能意识到“这件事我不能做。”

对于那些不能做的事情，父母应当给孩子设定比较严格的规则，或者说划定一条红线，明确告诉孩子这些东西是不能触碰的，或者不能频繁去做。有位家长向我反映情况，说自家孩子最近频繁偷走家里的钱买零食和玩具，父母为了顾及孩子的自尊心，一直没有说破，结果反而纵容了孩子的这种行为。对于这样的事情，我认为，父母应该主动谈心，弄清楚孩子为什么偷钱，并告诫孩子缺钱花了可以向父母要，但偷钱是绝对不行的。父母应当对这种行为及时制止并进行惩罚，确保孩子对这些不能做的事情产生深刻的印象。

我想要　每个人都有欲望，孩子也会有一些不合理的需求和期待，比如，每次新款游戏机上市，总是想要，经常向父母索要大额零花钱，毫无节制地吃零食。面对孩子的这些欲望，父母需要扮演的是抑制者的角色，提醒孩子要控制欲望，通常的做法就是直接说“不”，让孩子意识到这些想法是错误的、不可取的。在面对诱惑时，父母应该提醒孩子先保持冷静的头脑，冷静地等待几分钟再决定自己是不是真的需要这些东西。作为监督者和抑制者，父母需要扮演好自己的角色，并且帮助孩子培养更为强大的意志力。

孩子的欲望是无穷无尽的，如果不加以抑制和引导，这些欲望就会慢慢摧毁孩子的意志力，当孩子变得欲求无度时，他们在未来的生活中就容易陷入困境。我在引导孩子控制欲望时，通常会让孩子思考几分钟时间。比如，当萱萱对商场里面的玩具熊（事实上家里已经有了好多玩具熊）感兴趣并嚷嚷着要买时，我并不会立即告诉她玩具熊不好玩或者直接拒绝她的要求，而是让她先好好想 5 分钟。如果 5 分钟后还是决定要买，我就会买给她，但 5 分钟后她通常都会决定不买了，原因很简单，孩子的欲望来得很快，消失得也快。只要父母教会孩子冷静思考，很多时候他们能够意识到自己其实并不需要那些东西。

有时候，我会采取转移注意力的方式，比如，当孩子决定买玩具熊时，我会逗她，和她做一些小游戏，或者带她去看图书和漫画。这样就可以顺利地转移她的欲望，等到再想起玩具熊时，她的兴趣已经不那么大了。

在对“我要做”“我不要”“我想要”的功能区进行培训时，父母可以将几个功能区结合起来培训。

除此之外，在培养孩子的自控力时，父母应该重点关注孩子自我意识的培养，让他们了解自己，了解自己能做的事情和不能做的事情。为了更好地做到这一切，父母可以鼓励孩子对自己一天的行为进行记录和回忆，看看自己究竟做了什么事情。比如，今天花了多少钱，做了什么事，有没有哭，有没有欺负其他小朋友，看了多长时间的电视。也可以在晚上谈心的时候帮助孩子一起回顾一天的所作所为，并且对这些行为进行分析。当孩子对自己的行为有更多的了解时，才会在父母的监督下意识到自己做错了什么，还需要从哪些方面开始进行自我控制。

08 拒绝暴躁，引导孩子积极处理情绪

在生活中，很多父母都有这样的经历，孩子动不动就生气，因为一些小事哭闹不止，甚至还会摔东西，这样的暴脾气让父母感到无奈。父母的反应一般分为两种：一种是以宠溺的态度对待孩子，好言相劝，甚至为了避免孩子吵闹，他们会尽量满足孩子的要求；另一种是对孩子的哭闹行为采取严厉禁止的态度，展示自己的权威，只要孩子大声哭闹就会用相应的威胁和惩罚措施加以制止。

这两种行为都不合理，前者一味容忍和妥协，容易让孩子更加“无法无天”，变得越来越暴躁，并将哭闹和情绪发泄当成满足需求的常规手段。这样的孩子长大后容易变得以自我为中心，缺乏感恩之心，缺乏分享和容忍的品性，更不懂得考虑别人的感受。采取严厉禁止和打击的方式，会“堵住”孩子情绪发泄的通道，这是一种比较暴力和粗鲁的方式。孩子的情绪

表达受到遏制，想法不能及时表达出来，无疑会加重内心的压抑。很多孩子在这种“堵”的教育方式下变得更加内向，害怕表达，从而导致孩子变得越来越压抑，越来越内敛，最终影响社交能力和自我表达能力。

有个年轻妈妈脾气比较暴躁，平时只要孩子大哭大闹，她就会立即阴沉着脸将孩子训斥一顿，如果孩子继续哭闹不止，她就会狠心地将孩子放到地下室，不准孩子上楼。有时候孩子晚上不肯睡觉，她就会将孩子一个人关在漆黑的地下室，直到孩子安静下来。经过一段时间之后，她自豪地对朋友说：“孩子最近变得越来越乖巧了，不像过去那样喜欢哭闹了，而且看到我的时候就会变得老实听话，平时吃饭的时候也不再捣乱。只要我一个眼神，他就会乖乖坐在那儿吃饭。”许多朋友都夸赞她的方法很管用，纷纷向她求教，而她也乐于与其他人进行分享。

在我看来，这样的方法就是一种粗鲁的暴力行为，将孩子关在一个陌生、封闭且令人恐惧的地方并不是一种好的教育方式。根据我的观察，她的孩子现在不怎么爱说话，性格变得越来越内向，甚至有些封闭，重要的是孩子对自己的妈妈感到恐惧，在妈妈面前会表现得很不自然，这显然不是正常的母子关系。

父母在解决孩子喜欢生气、发脾气的问题时，应该从问题的本质入手——孩子为什么会哭闹，孩子闹情绪的动机是什么，只有了解原因，才能够有针对性地提出解决方法。孩子哭闹，主要原因在于他们的诉求得不到满足，因此渴望通过哭闹的方式来引起父母的注意。

明智的父母应该采取冷处理的方式来解决孩子乱发脾气的问题，让孩子先冷静下来，而不是急于教育孩子应该怎么做，或者直接批评孩子。在采取冷处理的方式时，父母可以按照以下四个步骤来妥善处理孩子的情绪问题。

忽略攻击 忽略孩子在闹情绪时的反应和表现，父母不要采取任何行动，更不要对这些行为做出劝说、安慰和责骂等回应，只需要在旁边静静地看着，或者故意不理不睬地做自己的事，这个时候孩子难以找到一个情绪的“着力点”，就会慢慢平静下来。

设置一个冷静区域 当父母忽略攻击时，最好给孩子设置一个平复情绪的地方，或者说是一个暂时能让孩子冷静的区域，比如，让孩子坐在沙发上独自待一会儿，或者在卧室里冷静一下。父母应该告诉孩子好好想一想，然后再和父母沟通。一些父母经常会将孩子独自锁在房间里，或者关在屋外和地下室，这不算是冷处理，而是暴力，对孩子的身心健康非常不利。一般来说，这个暂停区域应该是比较安全和温暖的地方，不会让孩子感到恐惧和不适应，也只有在这样的环境中，孩子的情绪才更容易平复，同时家长也可以趁机调节一下自己的情绪，将负面的情绪排除掉。

转移注意力 转移注意力可以有效转移情绪，其目的就是让孩子远离情绪发作的诱因，远离那些刺激性的事情。当孩子的注意力集中在其他事情上时，就会变得安静一些，也容易从负面情绪中走出来。比如，孩子会因为得不到食物而哭闹，或者哭闹是想让父母将自己抱起来，面对这类情况，一些有经验的父母会在孩子吵闹的时候陪他们玩游戏，或者给他们一些玩具，这些做法能够很好地分散孩子的注意力，使他们从原先的状态切换到开心愉悦的状态，甚至很快忘记自己刚才哭闹的原因。

减少刺激 在孩子哭闹的时候，家长应该想办法减少刺激，一方面孩子的哭闹可能是父母的刺激引发的，另一方面这些哭闹的情绪会在不当刺激下进一步加重。孩子本身不具备强大的自控能力，无法避免这些刺激，有效的做法就是父母主动减少刺激。当孩子做得不好或者不对的时候，父母不要试图用简单粗暴的方式解决问题，不要给孩子造成压迫感，应该致力于营造一种和谐的家庭氛围，尽量避免出现攻击性、侮辱性的语言和行为。

冷处理的方式可以让孩子学着自己去理解和处理类似的情况，逐渐建立这样的意识："我以后不能再发脾气了，我要尝试着自己去解决问题。"只有这样，才能够让孩子找到疏通和释放情绪的有效方法，从而实现对情绪的自我控制。

09 延迟满足，给孩子一个冷静理智的大脑

将一份巧克力饼干和一盘水果放在桌子上，并将孩子独自留在屋子里，他会不会去吃这些食物呢？母亲把做好的饭菜放在桌子上，并将孩子独自留在屋子里，孩子能不能抵抗住食物的诱惑呢？许多父母都没有认真思考过这类问题，但我们大概也能猜到结局是什么，恐怕多数孩子都难以管好自己的手和嘴巴，只是坚持的时间长短不同而已，毕竟对于大多数孩子来说，他们还是缺乏这种出色的自控能力的。

早在20世纪60年代，美国斯坦福大学心理学教授沃尔特•米歇尔就做了一个名为“延迟满足”的实验，他找到数十名儿童，让他们每个人单独待在一间小房间里，房间的桌子上放着棉花糖、曲奇和饼干棒之类的零食。孩子们被告知可以马上吃掉食物，也可以等研究人员回来时再吃并获得一些奖励。结果大多数孩子坚持了不到 3 分钟就忍不住马上吃掉零食，只有 30% 的孩子

延迟了自己对零食的欲望，而这30%的孩子在日后的学习成绩、处理问题的能力及与同学的关系等方面都表现得比其他孩子好。甚至35岁之后，他们在控制体重和抑制吸毒方面同样表现得很好。

在这个实验中，心理学家发现了两个问题：第一，多数孩子难以抵挡即时满足感；第二，孩子的延迟满足可以有效提升自控力。

即时性满足是很普遍的一种心理状态，是指人们倾向于满足当前的获得、体验和感受，而不去考虑这种满足会对将来产生什么影响，简单来说就是大脑发送了一个信号——现在就能获得的满足更重要。比如，孩子常常会产生各种想法："学习实在太累了，我好想先玩一会儿游戏。"玩游戏就是一种即时满足；"饿着肚子太难受了，我好想先吃饭。"先上桌吃饭就是一种即时满足；"那么早起床上学太难受了，我好想多睡一会儿。"睡懒觉是一种即时满足。

即时性满足是大脑中非常原始的一个组成部分，在远古时代，由于食物和资源短缺，大脑需要持续分泌化学物质，促使人们努力寻找食物以便立即补充营养。人类不断进化，尤其是大脑的进化速度更快，但这种模式并没有消失，而是被遗传下来。虽然现在人类的生活模式已经发生了改变，但是原始的工作机制还是经常会发生作用。当人受到某些刺激后，大脑就会分泌多巴胺，这是一种神经传导物质，也是负责帮助细胞传送脉冲的化学物质，通常和人的情欲、感觉有关，主要传递兴奋及开心的信息。多巴胺能影响人对事物的欢愉感受，它的出现会使人产生追求快感的期待，而这种期待会驱使人做出即时满足的行为。孩子通常没有太多的能力抵挡外在的刺激和诱惑，他们追求快感的期望会更强一些，这就使得他们缺乏行动上的自控力。

父母在提升孩子自控力的时候，要懂得延迟满足孩子，或者说提升孩子延迟满足的能力，这是实验的一个重要目的。延迟满足最直接的一个方法就是延缓孩子做出决定的时间，即孩子在受到刺激或者诱惑时，先不要直接满足自己的欲望。

心理学家提出了遇事先冷静十分钟的方法：如果想拥有一个冷静明智的大脑，就需要在所有诱惑面前安排十分钟的等待时间，如果十分钟后仍旧想要，你就可以拥有它。但在十分钟之内，你一定要时刻想着长远的奖励，抵抗眼前的诱惑，如果可以的话，你也可以创造一些物理或视觉上的距离。当你受到诱惑要做与长期利益相悖的事时，可以给自己一个暗示——为了即时的满足感放弃了更好的长期奖励。想象你已经得到了长期的奖励，想象未来的你正在享受自控的成果。然后扪心自问，你愿意放弃这个结果来换取短暂的快感吗？

父母要让孩子放慢节奏，给自己的反应设置一段缓冲时间，然后引导他们对自己所做之事进行分析，看看是立即去做还是继续等待，同时要对未来的奖励和现在的满足进行对比。比如，很多孩子会拿着零花钱买零食吃，而且常常到了超市门口就难以控制自己的食欲，这个时候父母应该引导孩子在想要吃零食之前先冷静想想：如果每天都存下买零食的钱，三个月之后，这些钱就可以买一辆心仪的玩具车了。是要满足每天的口腹之欲，还是要在三个月之后获得梦寐以求的玩具车呢？孩子需要对此做出权衡，而这种权衡方式本身就是一个延迟欲望的过程，无论孩子最后会不会选择存三个月的零花钱买玩具车，这个挣扎的过程都会促使他们提升自控力。

孩子克制一时的欲望，放弃眼前的诱惑去追求更大的目标，从而获得更大的享受，这就是一种忍耐力，或者说是延迟满足的能力。在提升延迟满足能力方面，还有一种常见的方式就是暴露法，其原理在于直接让孩子面对诱惑，并且设定时间。比如，父母可以将一份美食放在孩子面前，告诉他们五分钟以内不准吃，这样孩子只能眼睁睁地看着美食。当孩子能够从容地坚持五分钟之后，父母可以将时间延迟到十分钟、二十分钟，孩子坚持的时间越久，证明延迟满足的效果越好。

暴露法的冲击性比较大，但效果比较好，长时间使用这种方法，能够有效提升延迟满足的能力和自控力。

10 正向的惯性行为和生活态度

有个朋友对我说他的孩子最近行为变得很有趣，他坐在桌子前的时候会像个大人一样托着腮帮子，看上去像一个心事重重的大人。朋友觉得孩子的行为是成熟的表现，但我实在不敢苟同，如果单纯地分析这种行为的话，不过是一种坐姿不良的表现，这对孩子颈椎、腰椎的发育都很不利，并且将来对孩子看书阅读坐姿和视力都会产生不良影响。所以我建议她重视这个问题，及时制止孩子的不良行为。

许多孩子都会有一些不良习惯，父母未必会重视，也可能会放纵这些坏习惯，而坏习惯会导致自控力进一步丧失和减弱。反过来说，良好的生活习惯会制约个人的不良行为，提升自控力。比如，一些孩子有收拾玩具的好习惯，玩完玩具后会提醒自己将所有玩具放进盒子里装好。有的孩子有早睡早起的好习惯，时间到了就会强迫自己睡觉或者起床，这就是自控力的表现。有的孩子注重饮食的搭配与合理性，不挑食，哪怕遇到自己最喜欢吃的东西也不会吃太多。

正因为如此，父母应该帮助孩子养成良好的生活习惯，从心理学的角度分析，习惯的培养离不开四个因素，它们分别是触机、惯性行为、奖励和信念。

触机是指触发习惯的原因，时间、场景、人物等生活要素都可以成为一种触机，只要父母善于利用，就可以帮助孩子养成良好的习惯。比如，妈妈每天晚上会给孩子唱催眠曲，或者给孩子讲一些故事，这些催眠曲和故事就是触机，是帮助孩子养成良好睡眠习惯，或者帮助孩子按时睡眠的重要因素。触机本身是中性的，有时候具有一定的引导性，有时候需要外界施加一定的强制性。

惯性行为是一种无意识的行为，主要是指孩子也没有意识到的那些行为。惯性行为往往是形成习惯的前提，好的惯性行为稍加引导就会产生好的习惯，而坏的惯性行为如果稍不加约束就会形成坏习惯。就像有的孩子经常将手指塞进嘴里一样，他们并不是真的很饿，很想吃东西，而是一种无意识的习惯。

有的孩子每天晚上都会吃点甜食，影响了睡眠。惯性行为往往容易养成习惯，想要帮助孩子养成良好的生活习惯，就要从惯性行为开始。良好的惯性行为不容易培养，个人的即时满足感会经常跳出来捣乱。为了增强理性思维的能量，父母需要采取奖励的方式来引导孩子的行为。

奖励是习惯培养中至关重要的一环，坏习惯的产生往往伴随着愉悦和满足，无论是看电视、玩手机，还是吃零食，都会让人放松和满足。从心理学的角度来说，这些满足就是“奖励”，这类奖励会导致大脑失去理性。好习惯的养成需要一些正面的奖励措施，比如，告诉孩子如果每天按时睡觉、按时起床，就会得到一件新玩具；如果每天可以做到先做完作业再看电视，就带他们去游乐场玩。

当然，只有奖励是不够的，还有一个重要的因素就是信念。聪明的父母会帮助孩子建立健康的生活信念。信念是支撑个人养成习惯的内在动力，让孩子明白这么做是有价值的，而且对自己的成长有帮助。比如，早睡早起可以使身体健康，坚持写日记可以提升学习能力和观察生活的能力，注意饮食的丰富性可以确保膳食平衡和营养均衡。孩子对生活的领悟能力并不深，他们常常搞不清楚这样做有什么用，而父母要做的就是强化他们对生活的感受，尽量帮助他们建立起相关的生活信念，这样能够促使他们养成良好的生活习惯。

“早睡早起可以使身体健康”“注意饮食的丰富性可以确保膳食平衡和营养均衡”这样的话对孩子来说很抽象，不好理解，因此需要对相关的表达进行转化，比如，这样告诉孩子："如果你睡得早，就会在清晨听见鸟儿的欢叫。""如果你多吃蔬菜，就会像大力水手一样强壮。"通过使用一些孩子容易理解的描述，督促孩子建立起相关的生活信念。

事实上，习惯是一种长期形成的思维方式及处世态度，是由一再重复的思想行为形成的，具有很强的惯性，无论是好习惯还是坏习惯，都会像滚动的车轮一样拉着人往前走。只要建立起了习惯，孩子就会产生一种自发行为，他们会协调自己的行为，并保证这种行为前后的一致性。这种一致性就是一种有效的制约，尤其是在养成良好习惯的过程中，孩子会通过类似的锻炼来提升自控力。

需要注意的是，孩子的这种良好行为应该从小就开始培养，父母不要觉得"孩子还小，以后可以慢慢学"，孩子的惯性行为如若没有及时得到遏制，就会形成不良习惯，并对日后的生活产生影响。同样的，父母需要从小就鼓励和引导孩子建立良好的生活习惯，确保他们能够更好地应对生活。

学会放手，给孩子自我控制的权力

第4章

01 让孩子建立自己的道德准则

孩子在 3 岁以后，会出现道德进化。有关儿童道德进化的问题一直都在困扰着父母，许多父母会感到疑惑，为什么其他家庭的孩子在接受父母的道德教育时会获得成长，会形成比较稳定而又健康的道德标准，而自己的孩子却在道德教育中渐行渐远，所做之事完全看不到道德的影子。

同样都是道德教育，在不同的孩子身上为什么会出现不同的情况呢？原因就在于教育方式的不同，有些父母采取填鸭式教育，他们只负责将一大堆道德知识、道德观念一股脑儿灌输到孩子的大脑中。有的父母却懂得如何引导孩子进行自我管理，让孩子充分掌控和理解道德尺度。事实上，父母会注重培养和强化孩子的道德观念，但这种道德进化最终需要孩子自己去完成，也需要孩子在生活实践中慢慢体验和完善，父母的引导不过是推动了这个进程。

有个同事曾经和我谈到一件事。她儿子和一个要好的同学在学校里进行丢石子比赛，结果同学丢的石子将实验室的窗户玻璃打碎了，这个同学感到有些害怕，当场就逃离了现场。由于找不到打碎玻璃的人，校长只能发布通知，希望犯错的同学主动站出来承认错误。

可是那个犯错的同学并没有站出来，同事的儿子感到非常为难，他回到家里向母亲诉说了这件事。他并不知道自己应该怎么做，一方面他觉得任何犯错者都应该站出来主动承认错误，这才是一个好学生、好孩子应该有的品德；另一方面，犯错的人是他最要好的同学，他不想出卖自己的同学，更不想同学受到指责和惩罚。

同事听完之后并没有给儿子任何意见，而是说了自己小时候类似的经历，当时她和姐姐弄折了邻居老奶奶最心爱的花，结果姐姐主动站出来承认了错误，她却因为胆小而没有承认这件事，这也导致她内疚了很久。听完同事的话，儿子立即醒悟过来。第二天他去上学时，告诉校长是自己最好的朋友打破了玻璃，但是提议丢石子的是自己，而且自己也丢了石子，因此自己应该接受惩罚，并愿意用零花钱赔偿碎了的玻璃。

这件事我曾多次在讲座中提起过，在为一些年轻父母提供咨询服务的时候，我也强调过这件事。在我看来，这件事的意义在于它为所有的父母提供了一个良好的范本，即在培养子女道德意识的时候，不要一味对孩子的行为进行指责，也不要直接对孩子说一大堆道理，应当告诉孩子自己也曾遇到过同样的道德难题，也做过同样遗憾的事，所以能够理解他们此时的感受，或者告诉孩子家族史中的道德与伦理传统。接着通过自己的亲身经历来引导孩子做出正确的行为和正确的判断。

类似的方法比单纯的道德理论教育更加高效，因为日常知识灌输仅仅是一个被动的接收过程，对于孩子的自我成长作用有限，只有激发孩子道德上的自我管理意识，才能真正帮助他们建立完善的道德意识。

对于孩子而言，他们没有深入了解道德，因此常常会在这些复杂的道德与伦理问题中挣扎。这个时候不适合生硬地将知识传递给他们并制订各种各样的道德标准，应该让孩子自己去理解所谓的道德，自己去思考应该明确什么样的道德标准。父母要做的就是对这些标准进行监督与审核，看看它们是否真的符合社会生活的基本需求。

道德是一个比较宽泛的概念，而且每个人心中的道德都有一些细微的不同，父母需要鼓励孩子建立道德意识，养成道德习惯，这种鼓舞有时候可以通过反问来确定。比如，询问孩子“觉得这件事做得怎么样？”“你现在准备怎么做呢？”，这一系列的问题都会刺激孩子对道德进行深入思考和探讨，强化孩子的道德意识。

有时候孩子会错做事情，会逃避责任，也会受到道德的约束而感到愧疚。这个时候父母没有必要过多地对孩子的行为进行评价，在孩子讲述自己的经历之后，父母可以问孩子接下来准备怎么办。需要注意的是，对于孩子的任何一种决定和判断，父母都不要轻易干涉，只需要让孩子知道应该对自己的选择负责。

我经常去楼下的老奶奶家串门，老奶奶家里有对可爱的双胞胎兄弟，两兄弟看起来非常像，性格却截然相反。有一次，弟弟不小心将桌上的一个杯子打翻了，可是大家都没有看到是谁打翻的，于是老奶奶就将矛头指向了平时更加顽皮的哥哥，认为肯定是他做错了事情并且不打算承认，结果当天哥哥很委屈地哭了。

弟弟则一脸惊恐地看着哥哥受罚，一句话也不说。我看着这两兄弟的表现，意识到闯祸的可能是弟弟，于是就同他聊了起来，并询问他是否看到哥哥打翻了杯子。他先摇摇头但很快又点头，看样子并不打算承认这件事。

之后哥哥一直哭闹，直接被奶奶带到房间里关了起来，并且不准他吃零食。奶奶的大嗓门让弟弟感到害怕，他的眼睛也一直盯着房间的门看。在我准备离开的时候，他突然叫住了我，然后很伤心地大哭起来，因为他觉得自己对不起哥哥，觉得自己不应该撒谎，他向我吐露了实情。我认为这是一个非常好的成长契机，毕竟孩子已经自己意识到了错误，这比任何“说教”都更有效。我问他接下来准备怎么做时，他非常懂事地去找奶奶了，并向奶奶坦白了一切。

在孩子的道德教育方面，父母应该更加突出引导性。许多父母或许会这样想，为了帮助孩子养成良好的习惯，必须让孩子按照制订好的标准做事，直到孩子养成习惯。既然如此，只要反复给孩子灌输道德思想，孩子就可以更具道德感。但事实未必如此，最简单的例子就是学校里的思想品德教育，这并非是一种习惯，而是态度和价值观的问题，因此整个培养必须让孩子改变自己的价值观，或者树立正确的道德观。在形成的过程中需要孩子表现出一定的自觉性，要通过社会生活的实践主动去接受、理解及领悟相关的道德。

02 给孩子自己制订规则和制度的权力

许多人在谈到逆反心理时，往往只会将焦点对准青春期，因为这一时期的孩子普遍都存在逆反心理，实际上早在幼儿时期，孩子就会有逆反心理，比如，有的父母越是让孩子不要碰某个东西，孩子越是要碰；父母不准孩子吃冰的食物，孩子越是要打开冰箱品尝；父母不允许孩子走某条路，孩子会坚定地走那条路。

随着孩子的不断成长，这种叛逆心理会变得越来越强烈，到了儿童时期，很多孩子开始追求自己的独立人格，此时会表现出一些更为明显的违背父母意愿的行为，而且一些家庭规则和口头约束开始不起作用。这个时候，父母也容易发脾气，认为孩子不听话，学坏了，但更深层的原因是他们担心自己的权威受到威胁，害怕自己不能再主导孩子的成长，失去对孩子的控制力，而这种控制力在过去很长一段时间内一直都存在。正因为父母的恐惧心理，使得他们从主观上对孩子的一些不守规矩的行为感到恼怒。

可是如果从孩子的成长历程来看，父母慢慢退出孩子的生活控制是一种必然。父母必须帮助孩子建立起良好的生活模式，一开始父母可以制订规则约束孩子的行为，但是当孩子更加独立时，父母就要依据孩子的心理变化适当放权，鼓励孩子自己制订规则。

萱萱学校的一位家长在家长会上找到我，说自己9岁的孩子非常叛逆，父母说什么都不听，而且经常和父母对着干，给孩子制订的各项规则也丝毫不起作用，这位家长希望能够得到一些有价值的建议。

经过询问，我发现这个孩子本性并不坏，也没有做什么坏事，在学校里的表现也还可以，没有做出太出格的事情，所以我就直接给这位家长提了一个建议：与孩子相关的一些事情上，可以让他自己做主，父母先不要提任何要求，不要给出条条框框去约束他。

回去之后，这位家长对孩子说："学校要求家长给每个学生的学习、生活、交友制订一些规定，我们想想听听你的意见，你可以先说说自己的看法。"结果孩子有些诧异地看着她。后来据这位家长反应，孩子事后制订了一份生活和学习基本计划，并且严格按照那些计划行事，表现非常出色。

在引导孩子制订规则方面，父母应该表现出一定的积极性，因为这对孩子日后的发展尤其是自我管理能力的提升有很大的帮助。当孩子自己参与规则制订的时候，他们的执行力比在父母制订的规则下要强很多。因为孩子从制订规则的那一刻开始，就会形成一定的自我约束力。从心理学的角度来说，这是兑现承诺的一种心理机制，即我做出了这样的规则，就必须遵守这样的规则。大人如果告诉孩子必须饭前洗手，必须将玩具摆放整齐，孩子可能未必会将这些话听进去，但是当他们自己告诉其他伙伴必须将玩具整齐地放好时，不仅自己会这么做，还会督促其他人也这么做。原因就在于他们会觉得“这是我的规则”，而这种规则对他们意味着一种权力和一份责任。

这也就不难理解为什么孩子会出现叛逆情绪了，因为他们不希望自己活在别人的规则里，不希望在别人的权力下过多地压抑自己的行为。对他们来说，一件事情由自己说了算与由别人说了算是截然不同的概念。比如，在游戏中，谁都希望可以成为那个制订游戏规则的人，这一点在孩子身上体现得非常明显，对于其他人制订的规则，他们可能会选择忽视，但是一定会遵守自己制订的规则。

有个妈妈发现自己每次收拾好的孩子房间很快就会被弄乱，她非常生气，可是不管她怎么呵斥孩子，孩子还是会把房间弄乱。她准备给孩子一点教训，可是走进房间之后，心又软了下来，并且决定尝试用另外一种方式进行劝说。“宝宝，你为什么老是弄乱房间呢？难道妈妈给你布置得不够好吗？你希望布置成什么样子的，你自己布置给妈妈看看，可以吗？”结果孩子还真的动手布置起房间来，虽然还是显得有些凌乱，原本放在台灯旁的玩具熊被丢到了墙角，被子也被折叠成三角形。可是自此以后，孩子越来越注意对自己房间的整理了。

如果对孩子的行为进行观察，就会发现孩子对于规则的重视程度远比我们想象的高。父母在引导孩子自己制订规则时，并不是直接将决策权全部交给孩子，对于年纪偏小的孩子而言，一言一行都需要接受父母的约束和引导，都需要束缚在整个家庭规则之内。随着孩子慢慢长大，父母可以适当放权，但不是完全让孩子成为规则制订者。在拥有足够的自控力、判断力及丰富的社会阅历之前，孩子还不能有效制订完善的规则。

03 鼓励孩子对自己的生活制订计划

2015年，我曾和国内其他一些儿童心理学专家及亲子教育方面的专家联合发布了一项调查报告。在这个报告中，我们考察了国内儿童（主要是3～12岁）的生活和学习现状，发现多数孩子都缺乏明确的计划，无论是生活还是学习都处于混乱或者半混乱状态，孩子们没有纯粹的娱乐时间，也没有明确的学习规划和生活计划。

这种混乱的局面显示出父母在管教儿童方面的欠缺，至少父母没有认真履行自己的职责。这一点不难解释，生活节奏越来越快，生活压力越来越大，很多家长都疲于应对自己的工作和事业，没有太多时间来教育子女，有时候为了省事，他们会给孩子制订一些规则和计划，告诉孩子什么可以做，什么不能做，什么时候要做什么事，以及如何去做这些事。这种简单的管理模式已经成为普遍现象，也凸显了中国家庭教育的缺失。

在应对这个危机的时候，许多知名人士提出了自己的看法：父母需要更多地参与孩子的生活，孩子也要学会对自己的生活有更合理的规划，两者并不冲突。优秀的父母会引导孩子认识生活，规划生活，也会让孩子自己制订生活计划，提升调控生活的能力。

有个邻居说自己的孩子还在上幼儿园的时候就已经可以自己支配零花钱，她从来不干预孩子把钱花在哪儿了。她每隔一段时间会给孩子一笔钱，但是在这一时间段内钱花完了不能再向父母要。如今，她的孩子正在上三年级，已经有了相当明确的消费计划：每天会把开销控制在两元之内，剩余的钱存下来，计划在一年之内买一套心仪已久的漫画书。不仅如此，这个孩子还有明确的学习计划，父母不会强加干涉。每天除了完成学校布置的课程和作业之外，他会制订一些自己的计划：每天坚持写日记；每晚睡觉之前复习今天所学的知识，并预习第二天的课程；一周内看两本课外书，并写读后感；每周末去一趟图书馆，每次两个小时。

说实话，我很佩服这个孩子的自觉性和强大的自我管理能力。我小时候的生活条件比较艰苦，一包饼干会分三四天来吃，因此我把饼干偷偷藏在抽屉里，每次只吃一片。这种计划是食物的计划，还有一种是学习计划。那时候如果拥有一本小人书是最幸福的事情，因此不舍得一次性看完，常常看一点就放下，等到晚上再看一点。这种独特的计划性思维有一定的时代属性，但确实是我最早期的生活计划了。

这对父母比较前卫的教育方式让我由衷地敬佩，至少我也有意识地将这种方法纳入自己的教育方案中。所以多年来我一直在强调：如果父母打算让孩子变得独立，就需要有意识地让孩子增强对生活的掌控力，让孩子制订生活和学习计划就是最好的锻炼方法。当然，并不是所有孩子都能够像上文提到的小男孩那样自律，许多孩子在自我计划方面的能力非常有限，而且不同年龄段的孩子也会表现出不同层次的计划能力。

父母在培养孩子这种能力的时候要做好两点：第一点是引导，第二点是放权。当孩子表现出自立的倾向时，父母应该给予更多的宽容和权限，引导孩子抓住自我选择和自我计划的权利。当孩子成长到一定阶段时，父母适当放手，给孩子掌舵的机会。父母需要做的就是引导孩子对自己未来的生活进行规划。这两点都需要父母对孩子的成长尤其是心理成长进行观察，及时把握他们的心理变化，然后将管理的大权逐步交给孩子。

引导和放权都需要过程，在一些无关紧要的小事情上，可以让孩子自己制订计划，比如，周末的时间安排，或者和小朋友一起出游的计划，锻炼身体的计划等，可以让孩子自己去制订。在一些比较重要的事情上，诸如学习计划、饮食计划等，需要父母从旁引导。孩子的一些计划可能并不那么完善，但是父母不要总是用挑剔苛刻的眼光去看待，应该给予孩子更多的鼓励，必要的时候可以提供中肯的建议。

在整个过程中，父母应当引导孩子关注计划的具体实施步骤及执行的方式。步骤代表了耐心，执行方式代表了个性成长，这些都是培养自控力的关键因素。当孩子制订了某个计划时，他就应该想到每一步应该做什么，以及怎样做。

孩子对计划步骤的重视程度可以说明他们改进自己的决心，一些孩子的计划只是停留在口头上，因为他们的计划没有具体的实施步骤，只有一个大概的目标。就像前面提到的学习计划一样，如果孩子只是告诉自己一定要在期末考试拿下全班第一名，并计划每天都用功读书，却没有具体实施的步骤，那么整个计划就显得很单薄，孩子会因为盲目求快而影响效果。

因此，父母在引导孩子制订计划的时候，一定要确保这些计划是可以实施的，是有具体步骤和方法可遵循的，只有这样才能保证计划的完整性。

04 让孩子承担责任，感受到自己被需要

许多父母说孩子做事没有担当，平时不会帮家里分担家务，就连自己的事情也不能自己做。其实这是孩子缺乏责任心的表现，这一点和家庭教育息息相关，如果父母不能给孩子施加一些压力，让孩子承担责任，那么孩子就很难在生活和学习中担负起应有的责任。反之，如果父母鼓励孩子多做家务活，鼓励孩子去承担更多的生活责任，那么孩子的独立性会越来越强。

我去一个学姐家里做客时，刚好遇到孩子在解答一道数学问题，这个数学问题是学姐以帮助解决工作难题的名义（她是一名会计）让孩子解答的。她对孩子说自己遇到了一道无法解答的数学问题，如果解不出来可能会被老板骂。

孩子听妈妈这么说，便自告奋勇帮妈妈解决困难，这道题目并不难，可对于一个三年级的孩子来说还是有一些难度的。

大约半个小时之后，孩子还是没有计算出答案，学姐故意很着急地说：“看来，我明天要挨骂了。”

看到妈妈有些为难，孩子立马跑过来安慰说：“妈妈，再给我一点时间，这道题我肯定会做。”又过了一会儿，孩子明显有些着急了，但还是不断地跑过来劝说妈妈别着急。也许意识到自己无法顺利计算出答案，不得已她打了一个电话给自己的老师。我们听见她在电话中给老师清楚地描述了整道题，并最终找到了解题的方法。当她将答案交给学姐时，脸上洋溢着满足、自信的笑容。

据说，学姐不止一次这么做，有时候是让孩子帮忙打印文件，有时候是让孩子帮忙扫地，每次她都会故意说：“哎呀，妈妈做不好这件事，还是让你来做吧，感觉你做得比妈妈还要好。”孩子听到这样的话时，总是会积极地帮忙解决问题。

这种教育方式就是一种提升孩子责任感的非常有效的方法。它的原理就是责任转移，一些原本应该父母来做的事情，以赞美的方式巧妙地转移到孩子身上。这里有三个主要的技巧和步骤：第一步是巧妙地示弱，告诉孩子“这件事自己很难解决”，当父母表现出自己无法处理某件事的态度时，这就给了孩子承担责任的机会；第二步是请求，父母表示自己无法完成任务，向孩子发出请求，希望获得孩子的帮助，这个时候孩子就被吸引到了相关的任务上；第三步是赞美，父母当面赞美孩子做得很出色，通过有效的刺激将责任慢慢转嫁到孩子身上，有效地强化了孩子的责任心，以后孩子对于类似的事情会变得格外用心。

通常情况下，孩子都会依靠父母处理生活中的各种事情，所以当父母有求于孩子，并且愿意给予孩子更多的信任和认可时，他们的积极性和责任心就会被激发出来。孩子觉得自己是被父母需要的，而且自己是可以产生价值和作用的，他们更希望用实际行动来证明自己。

事实上，父母对孩子的托付比直接向孩子下达某个指令更能赢得信任。因为下达指令更多的时候掺杂着父母的权威，有不得不做的压迫感，其中有一些指令可能是违背孩子意愿的。而请求式的托付会让孩子有认同感，传达的信息更多的是一种信任和尊重，能够迎合孩子展示自己、表现自己的愿望。

在生活中，很多孩子都会表现出一些“小大人”的样子，他们迫切地希望做一些事情来赢得父母的认可，比如，抢着锁门，抢着拎东西，抢着贴春联……很多时候父母认为孩子做不好这些事，只是心血来潮罢了，因此总是毫不犹豫地压制这些“小大人”行为，并且告诫孩子长大后才可以做这些事情，这无疑会伤害到孩子的自信心和积极性。如果父母足够明智的话，应该适当给孩子表现的机会。

在生活中，有些孩子非常愿意帮助父母分担家务，有时还会替父母的工作操心，事实上这些孩子能够做到的事情非常有限，但是他们表现出的责任感让人觉得很欣慰，重要的是，他们会随着年龄的成长不断扛起生活的责任。当然，前提是父母要给他们这样的空间，帮助他们创造更多自我表现的机会。

父母平时多鼓励孩子做家务活，扫地、洗碗、收拾房间；要求孩子做好自己应该做的事情，写日记、练习绘画、做作业等；让孩子帮助自己解决一些生活和工作中的问题，让他们感受到被需要的感觉。父母只要给予孩子更多这样的机会，孩子就会逐步建立起责任心，也会对自己和家人的生活产生更大的兴趣。

05 培养移情能力，增强孩子的同情心和感恩心

儿童的不自控行为往往会产生一些不良的影响，这些影响会给身边人带来伤害。这些伤害包含了情感上的伤害、物质上的伤害、身体上的伤害及精神上的折磨，可是很多孩子并没有意识到这一点，他们更多时候是站在自己的角度想问题，习惯依据自己的意愿行事，很少考虑其他人的感受。这就使得孩子缺乏同情心、感恩之心，导致他们在处理人际关系方面存在诸多问题。

邻居老奶奶经常抱怨自己的小孙女不懂事，每次放学回家就躺在沙发上看电视。她唠叨过几次，希望孩子能抓紧时间做作业或者多看点书，孩子就会生气地将书包丢在地上，大声说奶奶多管闲事。老人腿脚不太方便，还患有风湿病，走路一

瘸一拐，但上下楼梯时，孩子从来不会帮忙拎东西，也不帮忙搀扶一下，有时候还会嘲笑老人走得太慢，似乎这一切都和自己无关。

很显然，这位小女孩在家庭教育方面的缺失非常严重，她最大的问题在于不懂得尊重别人，不能设想别人的痛苦，不能体谅别人的感受，而且总是控制不住自己伤人的冲动，以至于很多时候会让奶奶寒心。许多父母通常会教育孩子要懂礼貌，注意守规矩，听长辈的话，与身边的人和睦相处，养成良好的生活习惯，可忽略了一点——所有的良好行为都应该是建立在情感认知的基础上的。简单来说就是孩子必须从情感上意识到自己的行为是否合理，是否对他人造成了伤害，这是他们愿意自我管理且能够自我管理的重要保障，而这种情感认知的一个重要部分就是移情能力。

移情是精神分析学的专业用语，指个人将自己对过去生活中的某些重要人物的情感投射到他人身上，或者说将个人的主观情感转移到客观事物上，并以被感染了的客观事物来衬托主观情绪。如果孩子具备移情能力，就能够明白家人的良苦用心，意识到自己的一些不当行为会给身边人带来伤害。

由于对情感认知不足，儿童的移情能力偏弱，这也使得他们在处理一些情感方面的问题时显得有些自我。正因如此，父母应当有意识地培养孩子的移情能力，这是引导他们对自身情绪和行为进行自我管理的一种有效方法。

我家楼上住着一个单身妈妈，她是环卫工人，多年来一直起早贪黑地工作，为的就是供养儿子上学，可是孩子并不喜欢读书，在学校里也非常调皮。某个周末，孩子突然好奇地想要跟着妈妈一起去清扫大街，在烈日下坚持了半小时后，孩子突然哭了起来。妈妈还以为孩子生病了，一个劲儿询问孩子哪里不舒服。结果孩子悲伤地说："妈妈，从明天开始，我一定好好学习。"尽管孩子并没有明显地表达出自己的想法，但是妈妈已经猜到了孩子话中的意思——孩子在体验了妈妈的辛苦后，意识到了妈妈的不易，自己不能辜负妈妈。从那之后，孩子在学习上果然越来越勤奋。

由于孩子具备移情的能力，他们能够体验生活的艰辛，体谅父母的不易，因此站在他人的立场考虑问题就能进而主动约束自己的行为。一些比较成熟的孩子还会主动做家务、学习、改正不良习惯，不过大多数孩子还需要父母的引导和培养。

记得小时候，我大哥又高又大，经常欺负别的孩子，但每次大哥闯祸打别的孩子，母亲就会把他叫到身边，以同样的方式打他，一边打还一边问：“你也知道痛？”以今天的教育方式来衡量，母亲当年的做法稍显粗鲁，出发点却是很好的，她希望通过这种方式让大哥去感受被他欺负的人的痛苦。实际上，通过母亲多次的教育，大哥慢慢改掉了欺负别人的毛病，开始变得友善起来，更加懂得如何与别人和谐相处。

母亲的做法就是在培养孩子的移情能力，她让大哥从施暴者变成了受暴者，而这种角色转变直接引起了了大哥对自身暴力行为的深刻认识。父母在培养孩子移情能力的时候，可以采取一些更温和的方式，但其原理基本上是相似的。比如，很多孩子不喜欢做家务，还经常在家捣乱，将垃圾丢得到处都是，这个时候父母可以让孩子做家务，让他们感受做家务的辛苦。一些孩子常常会将玩具藏起来，不愿意和小朋友分享，父母就应该告诉他们："如果别人也将玩具藏起来，你怎么想，会不会感到难过呢？"

这是一种类似角色扮演的方式，即父母引导孩子进入一些特定的角色——劳动者的角色、受虐者的角色、奉献者的角色等，通过角色体验，孩子可以更好地实现自我管理和自我提升。

除了让孩子体验他人常做的事情之外，心理学家还提出了一些培养移情能力的建议，比如，父母可以引导孩子观察别人的表情，当自己的行为影响到了别人的情绪时，别人是什么反应，让孩子弄清楚什么表情表示生气，什么表情表示委屈，什么表情表示失落和无奈。

父母也可以讲述他们被伤害后的感受，告诉孩子"妈妈现在很生气""你这样做让我很伤心""别人已经表现出了厌恶，你应该停止现在的行为"。当父母告诉孩子由于他们的任性使得家人的情绪发生变化时，就可以唤醒孩子的感知能力，让他们产生感同身受的心理体验，他们就会主动移情，并对自己的不当言行进行约束和改正。

06 先做事后享受，拒绝懒惰不拖延

许多孩子都存在拖延的习惯，父母出门前交代孩子上午把地板拖干净，孩子可能会拖延到下午去做，甚至拖延到父母下班回家才做；父母让孩子写完作业再看电视，孩子可能会拖延到睡觉前才做作业，甚至拖延到第二天；父母让孩子立刻去超市买一包食盐，孩子可能会慢吞吞地拖延一个钟头。

父母认为孩子是懒惰，但是从心理学的角度分析，孩子的拖延行为实际上和即时满足有关。著名心理学家弗洛伊德曾提出了著名的“马和骑手”理论，在他看来每个人心中都住着一个骑手和一匹马，其中马代表了欲望、激情和冲动，它的人生准则就是如果感觉舒适，就会保持冲劲；如果觉得情况不好，就会选择逃离。美食、享受、睡觉、娱乐都是马最喜欢的东西。骑手代表了理性思维和自控力，他擅长推理，善于制订完善的计划，有着明确的逻辑思维。

孩子身上同样有一个骑手和一匹马，成熟且善于自控的孩子遇到诱惑时总是会这样提醒自己：“我已经长大了，还应该制订一个清晰而长远的目标，我不会辜负父母的信任，这件事我一定要马上完成。”这些孩子往往是出色的骑手，或者有成为出色骑手的潜质。善于拖延的孩子虽然有时候也有一定的理智思维，但是他们心里的马更喜欢跳出来捣乱，它会告诉孩子：“为什么一定要现在做这件事呢？你还有很多美食可以享受，还有很多电视节目可以观看，还有很多游戏在等着你，重要的是，你只是一个孩子，你的父母不会对你要求太多，即便你做不到他们要求的事，父母也不会责怪你。”马的思维模式非常简单直接：“我现在饿了，我想要吃饭”“我现在困了，我要去睡觉”“我想出去玩了”。

父母应当引导孩子成为一个骑手，而不是马。当孩子想要逃避自己要做的事情时，父母需要不断强化他们的认知和理性思维，并帮助他们抑制和延迟即时满足。那么如何才能让孩子成为一个合格的骑手呢？

让孩子养成按照计划做事的习惯　按照计划做事是一个最基本的做事原则，也是解决骑手和马的冲突的一种合理方式。父母平时应该督促孩子完成学习任务，督促孩子按计划做事。由于孩子很容易被即时满足操纵，因此父母需要强化自己的监督责任，直到孩子养成习惯。

我基本上会安排萱萱在下午5:00左右练琴，有时候她会拉着我的衣服撒娇：“妈妈，我能吃完晚饭再练琴吗？”这个时候我就知道孩子想要看电视或者出去玩了，因此我会这样告诉她："恐怕不行，你吃完饭再练习的话，那么什么时候散步，什么时候洗澡，什么时候睡觉，什么时候听故事呢？难道你要像圣诞老爷爷一样大半夜也不睡觉吗？或者你不想听故事了吗？"过几天，孩子可能还会提出同样的请求，每一次我都会拒绝，目的就是为了让她意识到一点：事先计划和规定好的事情不能轻易拖延，对于那些必须立即完成的事情，应该尽快去完成。当我重复多次之后，孩子自己也就养成了习惯，并且能够意识到自己要尊重计划，要按照计划完成任务。

让孩子思考延迟的不良后果，并帮助孩子养成理性分析的思维习惯 许多孩子之所以喜欢拖延，一方面是因为无法抵制诱惑，另一方面是因为对拖延的影响认识不清。在他们看来，"现在做"和"过一会儿做""明天做"没有什么区别，也意识不到将今天的任务推到明天去做会有什么不妥。父母应该向孩子说明利害关系，让孩子意识到拖延的弊端。

当父母要求孩子必须立即完成某件事的时候，有些孩子会在心里嘀咕："为什么非得现在去做，为什么不能拖到明天去做呢？"父母要么不做解释，要么直接生硬地回一句："我让你现在就做，哪有那么多为什么？"这种教育方式会导致孩子产生反感，下一次他们还会犯拖延的毛病。

最好的方式就是直接告诉孩子："如果这件事拖延到明天，那么就会影响明天要做的事情""如果拖延到明天，问题会越来越多”“拖延只会让你的时间越来越少”。让孩子明白拖延的后果：小问题会变成大问题、会受到父母和老师的惩罚、会失去进步的机会、会让人觉得你不守信用。

培养孩子先做事后享受的原则 这个原则可以有效抑制即时满足的骚扰，确保孩子能够抵制诱惑，准时完成必须要做的事情。很多孩子喜欢先享受，然后再去做事，这样就容易导致拖延和懒惰现象的发生。一般情况下，父母应该鼓励和监督孩子先制订规则再完成任务，等到完成任务之后才可以享受和放松，并以此作为完成任务的奖励。当孩子形成这样的生活模式之后，就会改掉拖延的坏习惯。

我建议父母鼓励孩子先做完作业，才能出去玩；先练琴，然后才能吃东西；先洗澡才能听故事；先把家务活做好了，才能获得额外的奖励。如果在生活中不断强调这个原则，孩子也渐渐能够意识到这一点，并且会在做事的时候养成立即行动、不拖延的好习惯。

还有一种比较常用的方法——引导孩子自己做出今天必须完成任务的承诺，由于很多孩子做事的时候缺乏决心和毅力，容易在做事的过程中产生拖延的情绪，因此父母应该引导孩子做出立即行动且必须尽快完成的承诺。通常比较实用的方法就是让孩子写下完成任务的具体时间，这样孩子就可以更好地兑现自己的承诺，这也是教会孩子制订生活计划和学习计划的一种方式，对于孩子自我管理能力的提升非常有效。

教养禁区，
家长千万不能做的八件事

第5章

01 纵容——“孩子还小，没有必要动用规矩”

有个同事最近和她婆婆发生了争执，原因是双方在教育孩子的问题上产生了分歧。同事认为孩子最近出现了一些不好的行为，需要及时进行教育和纠正，避免孩子养成坏习惯。她经常提醒孩子注意自己的行为：“彤彤，你是不是又不听话了？妈妈不是和你说过吗，不要把手放进茶杯里玩！”“彤彤，下次不要在沙发上吃零食，更不能将零食弄得到处都是，记住了吗？”问题是她每次纠正孩子的不当行为时，婆婆就会站到身后加以制止：“孩子还那么小，她怎么知道那么多规矩呢？你没有必要总是重复那些话，孩子喜欢吃就让她吃吧，孩子想怎么玩就让她玩吧。”“孩子还小，没有必要动用规矩”。

在同事的婆婆看来，自己的儿媳实在有些小题大做了，孩子那么小，根本没有必要制订条条框框，她觉得自己那个年代

的人都是这么带孩子，孩子也没出现什么大问题。我同事并不这么看，结果两个人为此多次产生争执。

其实，同事根本没有必要和婆婆发生争吵，毕竟两个人的出发点都是一致的，都是为了孩子着想，面对分歧，冷静下来一起协商才更明智。不过，现实生活中的确有很多家长在教育孩子方面容易产生松懈的心理，或者说根本就不在乎，尤其是对年纪尚幼的孩子，他们常常会忽略其早期的教育和约束，忽视对孩子自控力的培养。

父母认为“孩子还小，什么都不懂，以后慢慢教也来得及”，或者“孩子什么也不懂，教了估计也学不会，还不如以后再学”，又或者认为“那么早就给孩子制订规矩，恐怕会让孩子变得不那么机灵”。“认为孩子还小，没必要动不动就讲规矩”是亲子教育中一种比较常见的想法。许多家长都会以这种心态去教育孩子，尽可能让孩子处于相对自主、相对自由的环境里。一般来说表现为以下几种具体的思维模式：

父母认为孩子因为年纪小而没有辨别是非的能力，长大之后，随着阅历的增加，会慢慢懂事的 这类父母觉得孩子的成长需要时间的历练，是一个自然成长和成熟的过程，就像橘子会自然成熟一样。这类父母的口头禅是“我小时候也这么顽皮，长大了就知道收敛一些了。”“大家都是这样过来的，孩子长大后，那些毛病就会消失了”。

父母认为孩子天性善良，不会犯下什么错误，即便有什么过错也只是小问题，完全可以忽略不计 这是典型的宠溺心态，父母觉得自己的孩子是最乖巧的，犯点小错并不要紧，大人没有必要斤斤计较。

有个朋友的孩子最近在幼儿园抓伤了一位小朋友，这让对方家长不太满意，因此学校让朋友去学校处理一下事情，由于朋友出差在外，就让我陪着她母亲一起去学校。朋友的母亲一到学校就抱怨老师和对方家长少见多怪。她并不觉得孩子犯了多大的错误，没有必要那么兴师动众，这让对方家长非常恼火，双方在学校里大吵起来，我在一旁连话也说不上。在我看来，朋友的母亲对孩子过度宠溺了。她或许没有认真想过，为什么

只有自家的孩子在学校里抓伤别人，而其他小朋友却没有这么做呢？她或许也没有想过，自家的孩子平时在家非常霸道，蛮不讲理，究竟是什么原因造成的，这些是否会对日后的性格产生坏影响。

父母认为孩子年纪太小，根本听不懂别人说什么，因此家长没有必要总是说教　在这类父母看来，孩子的理解能力非常有限，父母说或者不说并没有什么影响，弄不好还会让孩子更加混乱。通常，当孩子犯错的时候，父母可能一开始会进行教育，但是发现孩子无法理解之后也就渐渐放弃了。还有一些父母会把教育任务往后推，觉得等到孩子能够听懂自己所说的话的时候再进行教育，效果会好很多。

父母认为孩子还小，没有必要给予太多的干涉，还不如让他们顺其自然地成长 这一类父母在亲子教育中混淆了“顺其自然”和“毫无拘束”的概念，在他们看来，让孩子做这做那，给孩子划定框架会抑制孩子的创造性。我常常听到一些老人抱怨说：“我的儿子儿媳天天让孩子做这做那，或者这不能做那不能做，哪来那么多规矩，这孩子要是听他们的话准会变得越来越胆小。”在老人眼中，孩子稍微顽皮一点是天性使然，没有必要进行约束，否则就会破坏孩子的天性。

总之，就是家长认为孩子的成长需要一个过程，没有必要急于一时，而这种亲子教育误区从本质上来说是对家庭教育责任的一种逃避行为。“孩子还小”往往只是一个借口，要知道，既然孩子的成长需要一个过程，那么教育孩子同样需要一个过程，父母更应该从小就开始培养孩子的良好习惯和行为模式。

其实父母可以想一下，为什么别人家的小孩到了3岁就会自己吃饭，自己上厕所，自己洗脸刷牙，而自己的孩子到了6岁还要大人给穿衣服、脱衣服，还要大人喂饭吃；为什么别人家的孩子见了大人就知道说“叔叔阿姨好”，而自己的孩子见了熟人从来不知道打招呼；为什么别人家的孩子知道给客人泡茶，而自己的孩子在客人还没上餐桌之前就已经用手抓饭菜了；为什么别人家的孩子放学回家就开始做作业，而自己的孩子一回家就抱着电视遥控器不放。原因恐怕就在于别人家的家庭教育展开得比较早，从小就按照规矩行事，而自己的孩子一直都在放纵中成长，缺乏必要的约束。

所以，对父母来说，亲子教育必须从孩子小的时候就开始，不要总是以孩子还小为借口而拖延，如果没有及早就对孩子进行教育和引导，没能使孩子养成良好的生活习惯，长大以后孩子会更加难以管教。

02 压制——“孩子不听话就要采取打骂的方式”

面对调皮的孩子，有的父母会毫不犹豫地使用棍棒。虽然如今的家庭教育偏于温和，但是仍旧存在很多坚持以打骂的方式制止孩子不良行为的“虎爸虎妈”，他们对“棍棒下出孝子”的思想一直持支持态度。

有位妈妈向我请教孩子的教育问题，因为她三年级的儿子最近迷上了电脑，每天放学后直接冲到房间里玩两三个小时的网络游戏。她多次劝说和责骂，有时候直接用鸡毛掸子打孩子，可是根本无济于事。

经过交谈，我发现了一些问题：这位妈妈是在 43 岁时生下孩子的，由于孩子来得比较晚，在早期的教育上偏于宠溺和纵容，导致孩子变得不那么听话，现在只能用打骂的方式来压制孩子。

打骂孩子在一开始可能会起到一定的作用，可是一旦使用过度，孩子要么产生心理阴影，要么产生逆反心理，大人对他而言不再有威慑力，心想："你越是不让我做，越是打我，我越是要做给你看"。这样的恶性循环事件在现实生活中非常常见，基本上都是心理落差、心理阴影及逆反心理引发的。心理落差是指父母之前对孩子非常宠爱，事事迁就，可是随着孩子逐渐长大，父母为了纠正他们的错误行为和不良习惯，就会选择一些比较激进、暴力的方式。从处处受宠到动不动就遭受打骂，孩子的心理落差会不断增加，这个时候他们对于父母的信任感就会不断下降。

心理阴影指的是孩子在长期的打骂中会对父母的权威产生怀疑，一方面他们会感到害怕，另一方面可能会对打骂行为产生扭曲的崇拜心理，认为棍棒是解决问题的最好方法，这样就导致他们在日后的生活中变得更加崇尚暴力。

当心理阴影产生之后，一部分孩子会变得更加不听话，更具反抗性。这个时候，父母的棍棒教育不仅不会起到任何威慑作用，还会让孩子变得更加反感，孩子会想办法和父母对着干，并通过这种行为来宣布对自我的控制权。

打骂是一种最直接的教育方式，对于父母来说，这是比较省时省事的方法，相比苦口婆心的劝说，他们更喜欢简单直白一点的方式，并且认为这种方式更容易让孩子长记性。持有这种想法的父母认为孩子缺乏自觉性，需要采取一些强制性的举措来推动他们去执行，因此他们的教育方式从本质上来说就像拿着鞭子抽打一头牛赶路一样。许多父母都有这样的想法：“孩子本身没有什么控制力，很容易犯错，所以家长多骂几次，多打几次，他们就不会轻易再犯错了。”

一些家长具有强烈的控制欲和树立家庭权威的渴望，而打骂的方式能够最大限度地满足他们的需求，或者他们觉得这就是体现权威的方式。在教育孩子的过程中，他们认为打骂能够产生很好的效果，能够让孩子屈从自己的命令。在他们的思维中，如果父母没有打骂的权力，没有压制住孩子的魄力，那么孩子就会变得无法无天。对于这类父母来说，自己不是引导者，而是管理和控制孩子的监督者。

还有一种原因是父母具有教育上的挫败感，他们之前可能以温和舒适的方式和孩子进行过沟通，但是孩子没有听进去。这种教育上的挫败感让他们下定决心通过暴力行为解决问题，所以常常会有很多父母说：“没有办法了，我试过各种方法都不管用，这孩子不打不行了。”或者他们直接对孩子说：“如果你再不听话，我就要打你了。”这一类表达和威慑往往是一种无奈的表现，也是教育过程中对自身挫败感的弥补。

需要注意的是，虎爸虎妈的教育方式正被很多人奉为“教育优秀孩子”的范本。在电视上，常常可以看到一些新闻，如，严厉的父母调教出了 ××× 大学的博士，一些成功人士的父母会现身说法，亲自讲述自己是如何通过严格的管理和必要的棍棒措施来教育孩子的。通常这些新闻的价值很低，会让人觉得这些“虎爸虎妈”似乎将孩子当成了一件成功的产品，他们在电视上夸耀和宣传自己的方式，无非是为了显示自己打磨产品的技术多么高超、多么精细。而且这类新闻容易误导大众，让大家觉得棍棒教育会有很多神奇的功效。实际上，孩子的成功和自身的毅力、努力分不开，父母的棍棒教育或许起到了一定的引导和约束作用，但是用其他方法同样会产生良好的引导和约束。

许多人认为棍棒教育可以培育出更为优秀的孩子，但看看世界上那些优秀的人才，他们之中有几个人是在棍棒下变得出类拔萃的呢？他们之中有多少人是在父母的打骂中获得更多的力量的呢？比尔·盖茨（微软公司创始人）？埃隆·马斯克（太空探索技术公司和特斯拉公司的创始人）？任正非（华为技术有限公司创始人）？他们都很少受到父母的指责，更没有受过棍棒教育。那些主张进行棍棒教育的父母或许并没有透过事物的本质来看待亲子教育，事实上，只要能够引导孩子的行为，能够及时纠正孩子的不良习惯，即便不打骂孩子，孩子也同样会变得优秀。比如，越来越多的孩子喜欢玩手机、玩网络游戏，并且逐渐上瘾，一些父母会直接选择打骂，罚站孩子，威胁不给零花钱，或者用棍棒进行教育，但这种教育方式对孩子的成长也并没有太多的好处，即便是真的帮助孩子戒除了不好的习惯。

其实，使用其他更为柔和的方法同样可以进行有效的引导，而在这之前，父母要做的就是弄清楚孩子为什么会喜欢玩手机和网络游戏，是因为父母平时工作忙，没有时间陪孩子，以至于孩子将网络游戏当成精神寄托，还是因为孩子缺乏社交能力，无法和其他孩子愉快地相处，孤独和内向迫使他们从手机和电脑上寻找快乐？有些留守儿童，他们跟着爷爷奶奶生活，孤独且无助，只想借助网络游戏来逃避现实；有些孩子是因为其他伙伴都在玩手机游戏，因此自己为了保证不脱离群体，也开始玩游戏，以便和大家保持相同的节奏和生活状态。

对于父母来说，了解孩子为什么会犯错，为什么会变得不听话，才是进行教育的前提，因为掌握这一类信息有助于父母有针对性地进行管束和引导，而不是盲目地借助打骂来压制孩子。

03 羞辱——“你不觉得自己的行为很丢人吗”

在生活中，常常会听到一些父母这样数落孩子：“这样简单的问题你都不知道，你怎么那么笨呢？”“和你说了多少遍了，你怎么还做不好呢？你的脑子里装的是什么？”“你在学校里待了几年，就学到这么点东西？”“这么大了还尿床，你不怕被小朋友笑话？”父母的本意是通过指责和嘲讽来约束孩子的行为，或者提醒孩子要注意控制自己的行为，改正一些不良的生活习惯。可是对于孩子来说，这些嘲讽会带来很大的心理伤害。父母的情感表达和行为表现会让孩子产生自卑心理，他们会这样想：“我身上具有某些令人厌恶的东西，这也意味着我是一个惹人厌烦的家伙”。

我曾遇见过一个非常极端的案例，有个留守儿童在5岁时仍旧喜欢将手指放在嘴里吸吮，这让打工回来的父母觉得很生气，多次当面指责：“你看其他小弟弟小妹妹都不这样做，你这样做一点也不乖。”由于父母经常指责和批评，这个孩子的内疚感和自卑感越来越重，后来开始咬手指，因为他无法控制将手指放进嘴里，只能通过咬手指的方式来表达自己的愧疚，并且以此作为惩罚。

有一些坏习惯且被父母经常嘲讽和批评的孩子，往往都具有不同程度的挫败感和自卑感。事实上，他们的很多坏习惯都是在无意识中形成的，他们自己并不知道这样的行为是如何产生的，这样的行为究竟好不好。而父母作为早期的监督者和引导者，如果对这些坏习惯仍持“必须打压”“这是不乖的表现”“你怎么那么笨，为什么老是改不了”的态度，就会给孩子造成很大的负面影响。

父母的态度还会导致孩子直接把坏习惯当作自己的对立面或敌人来看待，这同样不是一种合理的做法。当人们把坏习惯当作生命中的敌人，并且发誓要打败它时，往往会倾向于压抑这些坏习惯。而压抑只会让自己变得越来越痛苦，且一旦爆发就会产生更为强大的破坏力。

我的大学老师在某次有关亲子教育的讲座中说过这样一句话：“任何一个孩子都会有缺点，都会有一些不良的习惯，父母要做的不是攻击，也不是要求孩子必须将这些不足当成对手来看待，而是应该鼓励孩子正视和接受坏习惯，这样才能够真正改正它们。”

事实上，正视并接受坏习惯是增强自控力的第一步，因为任何坏习惯都不是偶然形成的，也不是随意出现的，是有根源的。坏习惯常常反映出孩子内心的某些想法，只有正视和接受它们的存在才能真正找到根源，然后引导孩子从根源上解决问题。就像前面谈到的孩子迷上手机游戏一样，可能是因为大家都这么玩，也可能是因为没人陪他玩，或者是因为自己在现实生活中缺乏安全感。父母只有先找到原因，才能更好地引导孩子改正错误。由于孩子本身就缺乏自控力，父母应当给予更多的帮助，要尽量多给孩子一些正面的鼓励，让孩子拥有更强的自信心。父母还可以多给孩子创造一些尝试错误、改正错误的机会，并确保将焦点从孩子的问题转移到共同解决这些问题上，必要的时候还应该抓住孩子身上的一些优点，通过积极的引导，帮助孩子主动克服这些缺点。

著名的成功学大师拿破仑·希尔幼年丧母，由于缺乏管教，他非常调皮，常常搞恶作剧，这让父亲感到不满，经常打骂他，在众多子女中对他的印象最差。对于父亲的讽刺和轻视，拿破仑没有任何感觉，他打定主意破罐子破摔了。

后来父亲准备为孩子们娶一位继母，并安排她和家里的孩子见个面，彼此熟悉一下。当继母来到家里时，她主动向每一个孩子问好，还试图与他们交流，其他孩子都做出了回应，只有拿破仑·希尔无动于衷。父亲见他这样，非常生气，于是直接讽刺地说："这就是拿破仑，是希尔兄弟中最坏的一个。"

拿破仑早就习惯了父亲的态度，他本人也觉得无所谓，甚至觉得被继母嘲笑也没有什么。可是这个时候，继母亲切地托起拿破仑的下巴说：“这是最坏的孩子吗？完全不是，他恰好是这些孩子中最伶俐的一个，我们要做的，无非是把他所具有的伶俐品质发挥出来。”继母的这句话改变了拿破仑的一生，拿破仑获得了更多的自信，并开始在继母的引导下改过自新，努力学习，最终获得了成功。

“当孩子觉得丢脸时，自然会努力争取改造自己的机会。”也许真的会像父母想的这样，也许不会，在亲子教育中，父母应当走出这样的误区，尽量不要试图通过指责和嘲讽来唤起孩子的自尊，这样也可能加重孩子的自卑感。想让孩子变得更好，就要给予他们更多的鼓励和自信，然后共同努力，帮孩子改掉身上的缺点。

04 比较——“你看看别人家的孩子，比你棒多了”

在日常生活中，常常听见一些父母将自己的孩子和别人家的孩子进行对比。见到孩子将某件事情搞砸之后，父母会说：“你看 ×××，他就做得比你好，你也不向人家学习学习。”孩子考试考砸了，父母会抱怨：“你的考试成绩那么差，还不肯用功读书。你看楼上的 ××，比你小，每回考试都得满分，就这样人家平时学习还非常认真。”孩子不听话时，父母会说：“看看你的同学 ×××，多听话，多乖巧，哪像你！”孩子喜欢睡懒觉，父母会说：“邻居家的小孩每天早上 6 点准时起床，你起来的时候，人家都已经到学校里了。”……

在这些父母眼中，别人家的孩子更听话，别人家的孩子更有主见，别人家的孩子更懂事，别人家的孩子能力更强，似乎别人家孩子的表现总是更好一些。之所以会这样，是因为父母对孩子的期望过高，他们希望孩子变得更好一些，因此习惯用其他孩子作为参照，通过对比来刺激孩子的自尊心，促使孩子努力完善自己、提升自己。

“别人家的孩子”成了比较常见的教育标本和参照物，父母可以随心所欲地拿这些参照物作为教育的范本和题材，有针对性地进行比较。这种比较通常有两种常见的方式，第一种是直接选择更优秀的孩子作为榜样，这些孩子要么整体上比自己的孩子优秀，要么在某些方面比自己的孩子优秀。另一种情况是，父母会人为地制造差距，将其他孩子的优点和自己的孩子的缺点进行对比。无论是哪一种做法，其本质都是为了将孩子的缺点和不足赤裸裸地暴露在他人面前。

涵涵的爸爸经常带着涵涵到邻居家串门，并且总是当着涵涵的面夸赞邻居的女儿雨萱，说雨萱比较乖巧，而且还会弹钢琴。“你看人家雨萱，那么聪明，什么都会，你都会什么呀！”有时候邻居会夸奖一下涵涵，并且也在私底下多次提醒朋友不要这么做，但是涵涵的爸爸认为，现在的社会竞争越来越激烈，父母不可能什么都教给孩子，孩子只能自己去学，现在给孩子一点压力，就是为了让她适应这个充满竞争的社会，以后她还要面对比这更加激烈的竞争。

这位父亲的观点代表了大多数父母的心声，如今父母要求孩子上很多兴趣班，学钢琴、学画画、学书法、学写作……这

是一种畸形的对比心理，为的就是不让孩子输在起跑线上。他们一次次把孩子和其他同龄人相比较，希望自己的孩子不会落后太多，并希望孩子能够快速弥补那些缺陷。

我小时候学习成绩很差，母亲在别人面前说起我时却满脸自豪：“我女儿小小年纪就会缝衣服了，她包的饺子比我包的还好看。”母亲并没有一味看到我的缺点，反而高度褒奖我的优点，为的就是让我有更多的信心。至今我都觉得，母亲虽然没有多少知识，但在教育子女方面是成功的，她从来没有将我置于尴尬的境地——让我在同龄人面前抬不起头来。

有的父母坚定地认为通过对比可以给孩子制造一定的压力或增加一点动力，从而激发孩子的自尊心和上进心。但是通过贬低一方抬高另一方来形成对比的方法并不那么明智，尤其是孩子的心智发展不成熟，这种方法可能会适得其反。他们不仅不能理解父母的良苦用心，反而会认为父母看不起自己，甚至认为父母根本不关心自己，这个时候他们会变得更加自暴自弃。事实上，对于孩子来说，多数时候父母的认同最重要，如果父母将关注点放到其他孩子身上，就会对孩子的情感造成伤害。

还有一点也很重要，那就是任何教育都要针对孩子的真实水平来实施，父母强行要求孩子向那些更优秀的人靠拢，强行给他们制订一个“优秀”的标准或目标，无疑会增加孩子的心理负担。一旦孩子意识到自己无法满足父母的期望，离目标还有很大的距离，就会逐渐产生沮丧的情绪和挫败感。

我做过一个调查，发现那些顽皮的孩子或多或少都被父母在对比中“嫌弃过”，他们活在别人的阴影里。我也问过一些孩子，他们对父母的举动感到不可理解，并且也没有特别强调要努力让自己的形象得到改观。事实上，很多孩子在父母的刺激下并没有表现得动力十足，而是表现出了无所谓的态度。

在亲子教育的模式中，拿别人家的孩子进行对比的教育方式是一种比较落后的方式，因为每一个孩子都有自己的特点，能力不同，性格不同，爱好也不同，并没有高低之分，直接进行对比并没有任何意义。一些孩子身上的某些潜力可能并未开发出来，直接认为孩子不够出色，需要向别人看齐，只会抑制孩子的成长。

05 讨好——“满足孩子的一切要求，孩子才会听话”

年初的时候，我回老家探望阿姨和表哥，席间小侄子突然大吵大闹起来，谁也劝不住，孩子的父母大声呵斥也无济于事。只见阿姨急急忙忙从卧室里拿出平板电脑，小侄子立即停止哭闹，跑到沙发上玩游戏去了。阿姨非常自豪地向众人展示了自己带孩子的方法，还笑着说：“对付这个小滑头，这招最管用。”

接下来的几天，孩子经常莫名其妙地发脾气，阿姨每次都用食物、手机、电脑、鞭炮让他保持安静，很多人都笑称还是阿姨她老人家有办法。但是表哥私底下和我交谈时，对阿姨的做法表示了担忧，自己平时不在家，根本没时间照顾孩子，基本上都是阿姨带孩子，他和表嫂两个人都心存感激，可是这种教育方式让他们难以安心。

表哥的担忧不无道理。事实上，如今很多家长带孩子的时候都会采用类似的方法，孩子一哭闹或者做出一些不好的举动，家长就会想办法满足孩子的要求，他们这样做往往出于两种心理。

谈条件的心理 家长有事要忙，不希望受到孩子过多的打扰，为了避免孩子吵闹，就会满足孩子的各种要求，确保管教孩子时不至于太费力。比如，父母周末要加班，可是孩子一直在家吵闹不休，甚至故意捣乱，工作根本没有办法继续下去，这个时候他们可能会这样跟孩子说："现在爸爸很忙，你听话一点，爸爸给你买个冰激凌怎么样？"当孩子在食物的诱惑下离开房间时，父亲也就达到了自己的目的。

我曾和团队成员多次走访乡村进行调查，发现很多孩子都是由爷爷奶奶带的，而老人在管理孩子方面往往有所欠缺，比如，很多老人平时喜欢打麻将，这个时候就会任孩子自由玩耍，为了确保孩子不吵闹，或不打扰自己，老人会给孩子买点小零食。孩子在这种生活状态下变得非常"精明"，他们有时候会主动与长辈进行讨价还价，如果不能满足他们的要求，他们就不准长辈出门，这种管教方式对于孩子和整个家庭来说都是畸形的。

迎合心理 一些孩子为了获得自己想要的东西就会以哭闹的方式引起关注，如果无法获得满足就会一直闹下去。父母意识到孩子之所以会胡搅蛮缠，是因为想获得某些好处，或者想满足某种需求，这个时候只要了解并满足孩子的需求，他们自然会变得听话乖巧。比如，孩子在超市里突然又哭又闹，多半是想吃零食，因此父母会主动给孩子买零食；孩子想买新玩具时，同样会在父母面前吵闹，这个时候父母会迎合他们的心愿。

在这种迎合心理和迎合方法下，父母对于孩子的教育更像是堵一个漏水的水壶，哪里漏水了，就立即堵哪里。孩子有什么需求，就立即给予满足。长此以往，孩子的行为会变本加厉，因为他们的要求和想法会越来越多，这也就意味着父母面临的压力会越来越大。

无论谈条件还是迎合，其本质都凸显出父母的一种想法：孩子有需求是正常的，而且是无害的，因此满足孩子的需求并没有什么不妥。在他们看来，孩子年纪还小，不太懂事，难免会吵吵闹闹，而且他们的要求也不算太过分。

其实，父母把教育问题想得过于简单了，他们认为教育就是让孩子保持安静，但这种安静乖巧并不是孩子自然成熟的表现，而是通过交易和利益的满足换来的。孩子并非是通过足够强大的自控力来抑制自己的行为，下一次他们还会这样做。此时，父母们或许并没有想过一件事，那就是当孩子获得满足时，他们把自己的吵闹当成是一种有效获利的工具。比如，一些孩子为了获得零食，就会在父母午休时大吵大闹，而父母通常会这样想："不就是几块钱的事吗？让孩子保持安静也不算亏。"但孩子的欲望会不断增加，如果总是迎合与满足，最终会让孩子的行为越来越失控，越来越过分。

聪明的父母应该懂得这样一个道理：一味满足孩子的要求，他们只会变得越来越不听话。当孩子哭闹的时候，可以适当用奖励的方式进行辅助性教育，但奖励不能作为约束儿童行为的主要方法。想让孩子变得更加听话，父母应当对孩子的一些不合理行为说“不”，最好给孩子制订一些规则，在这些规则内，孩子的不良行为是受制约的，并且不能谈条件。孩子哭闹的时候，可以采取冷处理的方式，既不迎合他们，也不给予过分的指责，这样孩子自然会安静下来。只要反复坚持几次，孩子就会意识到自己的方法和策略失效，从而放弃再使用这种方法。

在亲子教育中，父母应当保持必要的耐心，主动挖掘孩子各种行为背后的原因和动机，不要总是想着使用一些简单直接的方法进行处理，这样只会弄巧成拙。

06 放任自流——“不用干涉，让孩子顺其自然地成长”

2013年5月，我和几个同事去上海一家儿童教育机构考察，当时负责人很高兴地接待了我们，并且谈到了他们正在试验的一种新教学模式——彻底放养，既不对孩子的行为进行约束，也不对孩子的行为进行引导，一切都随孩子的意愿，让孩子自然成长。

负责人认为许多早教机构和幼儿园注重对儿童进行管理和约束，这就像是给大棚里的西瓜套上一个方形模具，西瓜出来之后全都是方形的，这完全背离了“发挥孩子特长”的教育理念。这位负责人还重点谈论了目前教育体制的弊端主要在于干扰了孩子的天性，过多的条条框框约束了孩子创造力的发挥，他们正在推行的这种无为而治的教学方法能够最大限度地发挥孩子的天性及创造力。

事实真的像这个负责人说的那样吗？这种主张释放天性、顺其自然的教学模式是否真的会产生良好的教育效果？其实，这种教育方式在生活中并不少见，随着社会竞争越来越激烈，一些父母开始改变自己的思维，不再给孩子报更多的补习班，不再给孩子增设更多的兴趣课，不再提倡琴棋书画全面发展，而是更加注重培养孩子的自然属性，更加注重挖掘孩子自身的优势。

有个朋友在美国工作多年后，认为西方社会在儿童早教方面比中国做得更人性化一些，于是结婚前她就和丈夫约法三章：不要过多地要求孩子该做什么及不该做什么，不要给孩子灌输太多成人社会的价值观，不要给孩子报一些孩子不感兴趣的课外班，让他做喜欢的事，让他自己选择喜欢的生活方式。这个朋友推崇的是一种自由主义的教育方式，实质上也是无为的一种表现。还有一个朋友特意将孩子带到乡下父母家生活，让孩子从小就亲近自然环境，并且远离手机、电脑之类的干扰，父母对孩子的行为不进行任何干涉。按照他的说法，将孩子丢在那儿，他自己就会慢慢成长起来。

他们的教育方式代表了一些比较新潮的理念，其本质是尊重人的本性，顺其自然。但是这些新理念存在很大的问题，因为它们忽略了一个问题——人的很多思想和行为都是后天形成的，即便是一些自然属性也需要在后天的教育中得到强化。飞鸟要想自由翱翔，必须掌握飞翔的技巧；动物要想获得食物，必须学会捕猎的技巧。人也一样，天性的发挥往往需要靠后天的培养，如果让孩子自己成长，孩子就可能会被一些本能的欲望支配，由于没有人提醒他们什么事情不能做，什么事情要尽量克制，他们的行为就会失控。

在日常生活中，相似的情况非常常见，其中留守儿童最具代表性，他们因缺乏父母的管教，而老人又没有足够的能力管教孩子，所以一部分留守儿童实际上处于散养或者自然成长的状态。他们在学习、生活中都处于自己摸索的状态，身上有很多问题：缺乏社交能力，学习成绩比较糟糕，接受新事物的能力比较弱，做事情不遵守规则，情绪也很不稳定。

显然，如果让孩子处在一个自然成长的环境中，那么很多孩子都会形成一些不良的习惯，因为大脑会倾向于做出让自己感到愉快的决定，比如，睡懒觉、欺负他人、不按规矩行事、上课迟到、玩手机游戏、搞恶作剧和搞破坏。

事实上，父母在儿童成长的过程中扮演了多种角色：父亲、母亲、朋友、人生导师、助手等。每一位父母都应该在孩子的成长过程中负起应尽的责任，发挥应有的价值和作用，帮助孩子更好地应对生活。一旦采取了顺其自然的管教方式，孩子就会失去一个重要的依靠，他们的思维和行为会失去正确的引导。

重视孩子的天性，让孩子在一个相对轻松、自由的环境中成长，是亲子教育中应该把握的一个要素，但是给孩子一个更加自由的成长环境，并不意味着完全放手不管，也不意味着父母彻底摆脱自己的责任。

很多父母说应该给孩子减负，让他每天不要那么累，出发点是好的，也是合理的，但是减负不能减掉基本的家庭作业，不能什么事情都不让孩子做；也有部分父母会说要给孩子更多的自主选择权，让他们自己做决定，这种方法的确有助于孩子形成自主意识和独立意识，但是追求独立并不意味着父母就要将所有的事情都让孩子自己做主，孩子实际上是缺乏辨别能力和判断能力的，很多事情需要父母引导。如果孩子有绘画天分，父母就不要逼着孩子练习钢琴，但父母不能直接让孩子自己决定做什么事，因为这样一来的话，孩子可能最想做的事是玩游戏。

总之，父母可以适当给予孩子更多的选择空间和成长空间，但是父母所扮演的监护者、引导者、最终决策者的角色不能变，父母也不能推卸自己身上的责任和应尽的义务。只有合理地、适度地制约和引导孩子，才能够确保孩子健康茁壮地成长，这才是亲子教育的科学模式。

07 欺骗——“用哄骗的方式安抚孩子”

同事向我讲了她女儿璇璇的事。某天，璇璇爸爸向璇璇承诺，如果璇璇中午不来打扰他工作，周末就带她去游乐场，可是周末爸爸忘记了这件事，和朋友出去钓鱼了。结果那一次璇璇哭得非常伤心，觉得爸爸是个骗子，在妈妈面前足足数落了爸爸一个小时。

这个案例使我想起了一个经典故事：孔子的学生曾子是一个信守承诺的人，有一次他的妻子要去集市买东西，儿子哭着也要跟过去，这个时候妻子对儿子说：“你在家里待着，等我回来杀猪给你吃。”儿子听了之后满心欢喜地在家等着。妻子从集市赶回家时，发现丈夫曾子正在磨杀猪刀，于是立即上前劝阻：“我不过是和孩子开开玩笑罢了，你竟然信以为真！”曾子义正词严地说道：“孩子是不能随便许诺的啊，他们没有思考和判断能力，只能听从父母的教育，现在你欺骗孩子，孩子就会对你失去信任，因此这并不是教育孩子成为正人君子的方法。”妻子最终同意丈夫杀猪。

尽管这个故事流传了几千年，可是在教育孩子方面，许多人仍旧会犯下曾子妻子那样的错误，这种错误的根源就在于父母通常会觉得自己与孩子的沟通是一种非理性的沟通，父母可以随意转换模式，可以随意改变自己的思维，可以收回自己说过的话。父母如果对自己说过的话进行回忆，就会发现自己在和孩子沟通时显得非常随意，撒谎是最常见的现象。

父母们不妨回顾一下自己的日常行为，看看自己平时是如何教育孩子的，是不是经常也会说“宝宝乖啊，吃完饭，妈妈带你去游乐场玩。”“妈妈口袋里还有一些糖，只要你从地上爬起来，妈妈就给你糖吃。”“你要是乖一点的话，这周就带你去动物园看老虎和熊猫，好不好？”“你要是听话不哭，爸爸就给你买玩具。”……然而当孩子对父母的承诺信以为真时，父母却没有兑现承诺，因为在多数时候，父母们只是随口说出这些话而已。当孩子请求兑现这些承诺的时候，他们就会想出一大堆的理由，比如，“下一次好吗？”“爸爸今天还要工作。”“今天就算了，一会儿要下雨了”。

这是多数父母都会使用的沟通方式，用一些甜言蜜语及口头上的奖励来暂时约束孩子的行为，但实际上他们从来没有想过要兑现承诺，甚至说出这些话后就已经完全不放在心上了。

2014年，我和其他同事在全国24个城市进行抽样调查，在接受采访的1548位父母中，有多达1537人明确表示自己曾经对孩子撒过谎，而且次数不在少数。其中有大约1200人承认自己对孩子做过承诺但没能兑现，剩下的人表示记不太清楚了，他们并没有认真考虑过这些问题。在这些接受采访的人中，多达95%的人表示偶尔撒谎并没有什么，他们觉得有时候使用哄骗的方式来阻止孩子的吵闹是很必要的，并且笑言孩子在很多时候是一个麻烦制作者，哄骗是比较简单的方法。在调查中，哄骗大多发生在孩子吵闹的时候，比如，父母想要一个安静的工作环境，希望暂时远离孩子的干扰，或者想要一个安静的休息环境时，就会使用哄骗的策略让孩子暂时克制自己的行为。

这份调查证实了之前的一些推测，我们意识到轻易对孩子许诺是亲子教育中一种非常常见的现象，在很长一段时间内，"哄孩子"都是一门技术活，但很多时候容易发展成"哄骗"，之所以会出现这类情况，主要出于以下的心理。

孩子好骗　许多父母都认为孩子的心智发育不够成熟，缺乏逻辑思维能力和良好的分析判断能力，因此父母使用欺骗策略非常方便。正是因为孩子容易上当受骗，父母才会意识到这是一个相对简单的教育方式，比起苦口婆心地教育孩子，给孩子一个承诺要简单容易得多。有时候许诺一块糖、一个玩具，或者一次旅行，都会让孩子迅速安静下来。

哄骗孩子并没有什么不妥　尽管父母都知道骗人是不道德

的行为，但是在现实生活竞争激烈，在复杂的人际关系和社会关系中，欺骗是确保自己更加安全的一种手段，是生存的必要武器，他们只不过将这种武器运用到孩子身上，而且认为自己的欺骗是善意的，并不会对孩子造成什么实质性的影响。

平衡心态 许多父母之所以经常在孩子面前不兑现自己的诺言，主要是出于一种保持平衡的心理，一方面他们对于孩子的吵闹难以忍受，并试图用强制手段进行压制，但是担心孩子越闹越凶；另一方面，他们采取满足孩子需求的措施，可是盲目满足孩子的要求可能会让孩子变得越来越过分，还会削弱自己的权威。既然不能过于强势，也不能过于弱势，最好的做法就是进行折中处理，对孩子做出虚假承诺，既不会助长孩子的欲望，也不至于使用强制手段约束孩子。

习惯于哄骗孩子的父母不考虑自己的行为会对孩子造成什么影响，觉得大家都在这么做，自己这样做也无防。在教育孩子方面，许多父母更加注重暂时的效果，而非立足于长远的考量，他们并没有认真想过这些问题：这次欺骗了孩子，让孩子暂时保持安静，那么下一次呢？目前哄骗了孩子，将来孩子希望父母兑现诺言时该怎么办？

本书在谈亲子教育和培养孩子自控力的时候，会涉及一个核心内容——信任，信任是构建整个亲子教育体系的核心要素之一。在很多教育环节中，父母都需要依靠孩子对自己的信任进行约束和引导，孩子也会出于对父母的信任而注重自控力的提升。如果父母言而无信，就会让孩子失去安全感，同时，孩子会失去模仿的对象和倾听的对象。很多时候，孩子都是通过父母的反应和行为来了解外界，并判断自己的行为是否合理，一旦信任感消失，他们的这种判断力就会消失。

许多家长认为孩子的记忆力很差，但是通过观察就会发现，很多孩子对父母说过的话记得一清二楚，尤其是一些重要的承诺，他们往往记忆深刻。尽管孩子不太清楚成人世界中的承诺是什么样的，但是对于父母说过的话及做出的承诺，他们会有深刻的记忆。作为接受信息的一方，孩子更在意信息输出方是否真的能够做到言行一致。而且随着孩子的不断成长，这种理解会越来越深刻，如果父母一而再再而三地失信于孩子，孩子就会逐渐脱离父母的掌控，产生“没有人是值得信赖的，只有我自己的做法才正确”的极端想法。

父母这样做，孩子才能管好自己

第6章

01 亲子间保持良好沟通与互相信任

在教育和培养孩子的过程中，人们常常会谈到“独立性”。在亲子教育中，保持孩子的独立性是一项重要的内容，保持独立是孩子应对往后的生活并构建自己人生的基本能力。

让孩子更加独立，以获得自我掌控的能力，是父母教育的重中之重。对儿童来说，他们想要适应社会生活，想要在生活中把握更多更好的机会，必须依赖父母的约束和教导。父母的经验和能力往往是指引他们成长的重要力量，想让孩子接受父母的经验，想让孩子认真听话，就需要建立更加和谐的亲子关系，需要适当强化孩子对父母的依赖性。

在给予孩子自主权和独立空间的同时，父母应该让孩子适当地对自己产生依赖，不过这需要高明的教育技巧来支撑，因为如果孩子对父母的依赖太多，就会失去独立意识，而父母将孩子推得太远，孩子的独立意识可能会变得很强，就会脱离父母的束缚，并且容易走上歧途。因此，打造适当的依恋关系非常有必要，维持这种和谐亲子关系的主要元素就是爱。

爱是一个非常宽泛的概念，许多父母都会说“我当然爱自己的孩子，当然懂得给予孩子更多的关怀”，实际上许多父母在给予爱、表达爱上存在一些误区，很多时候父母之爱都是主观上的感受，即自己觉得这是爱，但对孩子来说可能是一种煎熬，或者从客观的效果来看，这种爱成了一个负面因素。最常见的就是溺爱，许多家长都会溺爱自己的孩子，尤其是老人，他们巴不得什么都给孩子，孩子想要什么就给什么，自己有什么就会给孩子什么，而且千方百计地给孩子更多。此外，当孩子犯错的时候，他们往往不舍得责骂和劝说，采取纵容的态度，这样的爱无疑会对孩子的健康成长造成威胁。无数的事实已经证明，在溺爱中成长起来的孩子总是以自我为中心，缺乏独立能力和自主意识，缺乏责任感、同情心和感恩心，遇事缺乏耐心。溺爱中建立起来的亲子关系并不和谐，而且是极其危险和脆弱的。

真正的爱应该立足于孩子的健康成长之上，应该为孩子的长远发展考虑，注重对孩子的能力、智慧、道德的培养，并且让孩子学会如何爱自己，如何爱身边的人，如何爱这个社会，如何爱生活。父母在付出自己的爱的同时，应该通过这份爱建立健康的亲子关系，并努力赢得孩子的信任，即让孩子相信父母是值得依靠和信任的。信任感建立起来之后，孩子就会对父母产生依赖心理，这就使得父母在发挥教育和引导方面获得更大的优势。

有一位小有名气的童星，在电视广告上代言了好几种产品。按道理说这样的孩子更能够获得父母的关爱，可是在言谈中他却对父母充满了恨意，因为父母平时根本不关心他的生活和学习，只想着如何让他接到更多的广告挣钱养家。我曾通过其他渠道了解过这个家庭，父母在孩子出名后就辞去了各自的工作，专心帮助儿子接各种广告，整个家庭的运转都建立在榨取孩子的明星价值上。

尽管孩子的父母在电视访谈中一再声称自己非常爱孩子，但从孩子失落的眼神中可以看出他的童年并不快乐，或者说他并没有感受到父母的爱。小童星上了高中后，据说成绩很差，而且染上了抽烟喝酒的恶习，被学校开除了。父母曾多次劝他改掉坏习惯，尽量维护好个人形象，但是他与父母之间的关系非常紧张，并没有听进去，因此他的星途也早早结束了。

在这个童星的世界里，父母并不值得信赖，他们的生活经验、教育方式、权威受到了极大的挑战，这种特殊的亲子关系自然无法产生任何约束力。在亲子教育中，教育的方式比血缘关系带来的影响力更大，良好的教育方式才是建立信任与和谐的关键，而非单纯的血缘关系。很多父母并不明白这一点，他们觉得孩子对父母的依赖是天性使然，血缘关系会激发孩子依靠父母的本能，这样的想法显然过于主观了。事实上，当孩子被其他人领养之后，他们和亲生父母可能不会有很深的感情；当孩子被动物领养后，可能对人类不会有感情。人类身上的社会属性是在后天环境中养成的，他们的感情也受到后天环境的影响。所以这是一个需要把握好分寸的问题，一方面，父母如果不注重培养自己与孩子之间的感情，孩子对父母的依赖和信任就会很淡薄，甚至可能会脱离父母的引导；另一方面，如果父母过分溺爱孩子，给予孩子更多的帮助，孩子的依赖性就会变得越来越强，并慢慢失去自我掌控的能力。

孩子做作业时，如果父母不闻不问，不提供一些必要的提示和引导，那么孩子可能会失去助力，他们在学习的过程中自然就会失去对父母的信赖；如果父母什么问题都帮忙解决，就等于直接帮孩子做作业了，孩子的学习能力将不会有任何进步。

和谐的亲子关系包含了对这种尺度的精准把握，应该是一种健康的关系、健康的爱，在孩子获得自主能力的过程中，父母的监督和引导极为重要。

02 塑造权威，打造基本的制约力

有一次，我去朋友家做客，她5岁的儿子一直在客厅里大吵大闹，朋友有些尴尬，只能故意提高嗓门吓唬孩子，而且还摆出一副非常严肃的表情，可是孩子依然大声嚷嚷，还将玩具砸向母亲。局面越来越失控，朋友一气之下拿起一把尺子对着孩子的手心用力打了几下，孩子哭得更凶了，最后朋友只能无奈地坐在沙发上。

有些家长可能认为我朋友的做法过于苛刻，但在事实上，这个举动恰恰证明了她平时对孩子疏于管教，而且一定是过分溺爱。因为孩子不听话就是父母缺乏权威的一种表现，证明了父母对孩子不具备太多的威慑力和制约能力。

亲子教育的重要性不言而喻，越来越多的人开始关注孩子的教育，和老一辈动不动打骂孩子不同的是，现在的父母更加

注重使用一些技巧，教育方式更加温和。然而温和的方式容易导致父母丧失权威。许多父母对权威一词有所误解，认为这是一种老套的、粗鲁的亲子教育模式，因此有抗拒心理，但权威在亲子教育中是不可或缺的，它是制约和引导孩子行为的重要力量。

什么是权威呢？父母交代孩子要做的事情，孩子立即动手完成，这是权威的体现；父母规定孩子不能做的事情，孩子就不做，这也是权威的体现；当父母出现的时候，孩子会立即停止一些不良行为，这还是权威的体现。权威就是指父母作用在孩子身上的一种影响力，苏联著名教育学家马卡连科说过："权威应当不是由父母对子女的关系，而是由父母自身决定的……权威的根源只出于一个地方，那就是父母的操行，包括行为的各个方面。换句话说，就是包括父母两人的全部生活：他们的工作、思想、习惯、感觉和意图。”

可以说，树立权威实际上就是父母对个人相关行为的展示，这种展示具有多种方式。

立规矩　大多数孩子还不能独立，很多时候都需要父母进行引导，这一时期父母的影响力比较大，因此适当给孩子立规矩可以帮助他们了解生活的规则，可以让他们对生活做一些最基本的分类：什么事情可以做，什么事情不能做，以及各种事情应该怎么做。

我父亲是一个非常和蔼的人，但他也会告诫我们不要轻易走进他的房间，不要在饭桌上大声说话，不要把米饭吃得满桌子都是，不要把陌生人带进家门，不要私自下河游泳。他会给我们立家庭规矩，而且一直反复强调，所以我们从来没有违反过规矩。

拒绝孩子的非分要求　很多时候，孩子在即时满足感的影响下，会提出一些不合理的要求，比如，刚吃完饭就吃零食，或者饭也不吃，只吃零食。孩子的饮食习惯不健康，应加以制止，当孩子提出吃零食的请求时，父母必须坚定地告诉孩子“一定要多吃饭，少吃零食”，并且拒绝提供零食。孩子可能会哭闹，会制造一些麻烦，但此时父母必须态度坚定，不能妥协。

小孩子都喜欢吃雪糕，大人会说雪糕太凉了，小孩子不能多吃。有时孩子拉着长辈的手撒娇，或者直接嘟着嘴坐在地上不肯起来，长辈就会妥协。很显然，长辈在拒绝孩子的时候还不够坚定，孩子通过讨价还价就可以达到目的，这样的教育方式会让孩子的行为变得更加失控。

让孩子分担家务　许多不听话的孩子都有一个共同特征，不喜欢做家务。他们觉得做家务活是父母的责任，自己没有义务做这些事情。父母在树立权威的时候，应该给孩子适当分配一些家务，让孩子参与到家庭事务中来，这样不仅可以提升孩子的独立能力，让他们领略到生活的不易，还能够强化父母的权威，因为在分配任务的过程中，孩子会产生更为强烈的服从意识。

许多父母都担心自己对孩子缺乏约束力，又怕过于强硬会伤害孩子。尝试着让孩子做一些家务活，帮助父母买点家里用的小东西，或者帮忙收拾房间、打扫卫生，这对孩子的成长有很大的帮助。

鼓励孩子做好自己的事情　父母权威淡化的主要原因在于他们过度参与了孩子的生活，一些需要孩子自己面对的事情也被父母替代解决掉了，这会让孩子逐渐失去自我认知和自我控制的能力，因为他们没有机会测试自己的能力和意志力。如果父母愿意改变这种教育方式，放手让孩子自己去面对生活，要求他们做好自己的事情，孩子反而会获得自我提升的机会，父母也会因为适当远离孩子而变得更有威严。

给孩子树立榜样 相比于其他方法，树立榜样可以在潜移默化中影响孩子的一举一动，父母要通过言行让孩子感受到自己的能力、力量和影响力，主动向父母学习。

03 担任孩子的教练，而不是成为他们的导演

2016年的时候，我应邀参加一个儿童教育研讨会。在研讨会上，一位德高望重的亲子教育专家向台下的听众提出了一个问题："你们在生活中，通常是充当教练的角色，还是充当一个导演的角色？"台下的许多家长都被这个问题吸引住了，因为他们没有认真思考过这个问题，也不清楚自己在亲子教育中扮演的是什么角色。

父母对自我角色的认知在亲子教育中会产生很大的影响，每一位父母都应该反思一下自己到底扮演的是哪一种角色，如果从现实的角度出发，恐怕很多父母都有充当导演的想法。对他们而言，孩子对生活和社会都不够了解，缺乏辨别能力，这样就会增加孩子在生活中遭遇风险或者做出错误选择的概率。作为最直接的监护人，父母认为自己有责任和义务帮助孩子应

对来自家庭和外界的各种危机，如果有可能的话，他们更愿意依据自己的经验来引导孩子行事，虽然这种想法会随着孩子不断长大而减弱，但是一些控制欲非常强的父母，更希望给孩子的成长铺路。都说人生如戏，如果孩子一生中要演的戏，如穿衣打扮、食物搭配、兴趣爱好的培养、学习和交友，甚至包括工作和婚姻，父母都一手包办，孩子失去了自我掌控的机会，又如何具备自控能力呢？

前几年，有个19岁的男孩曾找过我（事实上我通常只负责儿童教育方面的咨询工作，对于成年人的心理问题并不擅长，但是这个男孩执意要见我）。认真倾听了他的故事后我才意识到，这个男孩的确需要帮助。

根据他的描述，从小到大，他的一切都是父母一手安排的，包括穿什么类型的衣服，留什么样的发型，用什么样的洗发水，选择什么样的专业，交什么样的朋友，他从来没有做过任何决定，即便是去超市购买零食，也要父母决定应该吃哪一种才更健康。上大学之后，他开始远离父母并交了一个女朋友，因为担心父母反对，会指责他自作主张，所以不敢将女朋友介绍给父母认识，甚至都不敢在父母面前提起恋爱的事情。他一直纠结，不知道应该怎么办。

通过交谈，我发现他虽然已经成年，但是心智上的成熟度就像几岁的孩子一样，性格懦弱，缺乏主见，甚至连我递上去的红茶也要拒绝，因为父母向来不准许他喝红茶。我觉得问题在于父母操纵他的时间太久了，尽管“操纵”这个词很不礼貌，但事实就是如此，很难想象一个人长到19岁竟然没有自己做决定的权利和勇气，甚至连自己的感情也无法做主。他的父母在他小时候就给他设定好了一切，以至于他自己无法演好自己的戏，因为剧本始终在父母手上。

后来我建议他勇敢地和父母谈一次，将这一次机会当作摆脱父母操纵，促进自我成长的契机，但是直到他离开，也没有下定决心是否应该这么做。

这种极端的情况在生活中并不多见，但是这一类操纵行为在生活中无处不在。有很多人在成年之后仍缺乏主见，对父母言听计从，没有自己的想法和立场，也没有应对危机的能力，社交能力也很差，甚至连情绪的释放和表达也很拙劣。原因就在于从小时候开始，他们就已经被父母完全操控了，这种操纵使得他们没有机会控制自己，所以他们在各种思维和行为习惯上也就失去了自控力。

许多父母都会自做主张替孩子做决定，喜欢给孩子提前制订成长方案，并且认为这是为了给孩子创造一个更加安全的成长环境。孩子的成长既需要父母的引导，也需要孩子自己去探索，很多时候即便是一些错误的选择，也应该去尝试，这是成长过程中必须经历的一个环节。他们会通过一系列的磨炼和挫折，对自己的情绪、思维、行为、习惯做出监督和调整，并形成强大的自控力。

父母应该积极参与孩子的成长，而不是完全操纵孩子的成长。在教育孩子的时候，不要总是试图告诉孩子应该怎么做。无论在亲子教育中的分量有多重，父母都必须给自己一个清晰的定位——孩子自身才是主角，父母只是起到约束和引导的作用，绝对不能操纵孩子的成长。父母不能替孩子安排好成长的剧本，不能规定孩子每一步该怎么走，不能制订孩子每一个阶段的具体成长计划。具体来说，在一些需要孩子做出决定的事情上，父母不要过多地干涉，应该充分给予孩子自主选择权，比如，选择什么样的兴趣班，选择和谁交朋友。传授孩子思考的方式及解决问题的方法，而不是帮忙解决问题，比如，孩子不会做作业，父母要做的不是将答案告诉他们，而是给出解题的方法。尝试着让孩子去面对和解决各种危机，而不是让孩子躲在自己背后，比如，孩子闯了祸，应该鼓励孩子自己去解决这些问题，而不是父母出面解决一切。

在孩子的成长过程中，父母起到的作用是教会孩子各种生活技能、面对生活的勇气和解决问题的方法，涉及提醒、引导和教授，而不是简单地要求孩子必须这么做或者必须那么做。

04 父母的支持和鼓励很重要

在日常生活中，很多人不太注重赞美和鼓励孩子，比如，孩子开始学习说话时，父母认为孩子说话不清楚，反复教他们正确的发音，却没有给予及时的肯定。当孩子开始跌跌撞撞学习走路时，父母认为孩子走得不够好，并且一遍遍告诉孩子应该怎么走。当孩子在学习算数的时候，父母总是强调算数的一些基本法则，并提醒孩子应该记住他们说的话。

父母总是认为这是在教育孩子怎么适应生活，怎么掌握生活的技巧，在他们看来，孩子的学习能力和理解能力非常有限，或者根本没有理解能力，因此需要一直强调，可他们忽略了重要的一点——赞美和认可，忘了孩子需要通过父母的积极回应来提升学习的积极性。

对孩子来说，父母的认同是最重要的，由于儿童早期的行为都是在父母的约束和引导下进行的，因此会对父母产生信任和依赖，并且会将父母制订的标准当成自己行动的标准，只有父母说这件事做得很对，他们才能够确定自己在这件事情上做得很对，才能明确自己做事的方法。只有父母说这件事可以去做，他们才会放心大胆地做。这种信任和依赖经过转化就会变成一种认同的渴望，即“我这样做，父母是不是会认同，父母会不会觉得这是正确的”。相比于其他人，早期的孩子更希望获得来自父母的认可，因为只有父母的评价才让他们感到安全和真实。也正因为如此，当孩子表现很好的时候，如果父母不能及时给予认同，孩子就会情绪失落，甚至可能产生挫败感，这会对他们掌握新技巧、新能力造成很大的阻碍，因为没有父母的认同，他们拿不准自己所做的事情是否正确，甚至只会被动地接受父母的指导和监督，而不会主动提升自己的能力。

我曾遇到过这样一个特殊的孩子，她每次考试都无法答对那些简单的算数题目，而且对考试产生了恐惧心理，这让老师和家长非常头疼。可是孩子的父母说，孩子在家里可以很好地完成算术题，每次父母提出问题时，孩子都可以流利地说出答案。

在孩子的父母带孩子来我这里咨询的时候，我刻意了解了一下情况，发现这对父母很少夸奖孩子，每次都只是单纯地教孩子做事，没有注意过孩子的优点。因此我大胆猜测，一定是因为孩子很少受到认可而缺乏主动性，这也就解释了孩子为什么在家里会表现得更好一些。孩子在家的时候父母会习惯性地教她完成算数练习，孩子始终处于被动接受的状态，能够习惯性地记住父母提供的答案。在考试的时候，由于没有父母的提醒，孩子主动算数的能力受到抑制，并对自己的计算能力产生怀疑。

这样的案例非常罕见，但如果扩展到生活的其他方面就会发现这种情况也很常见，比如，父母在跟前时，孩子做某件事可能完成得很不错，可是父母不在跟前孩子完成这件事时，他们的表现就会很差。问题的根源就出在父母身上，由于没有经常给孩子更多的鼓励，使得孩子失去了自主行动的信心和勇气，他们并不清楚自己的行动是否会受到父母的认同或者是否会让父母不高兴。他们没有收到任何积极的反馈，这让他们始终处于焦虑和不自信的状态，久而久之，就会失去主动解决问题的能力。

所以，父母的反馈是亲子教育中非常重要的一部分，通过积极正面的反馈和回应，往往可以有效带动孩子的自信心和积极性。这种积极的反馈主要包含两个方面。

父母的鼓励　当孩子遇到困难，或者犯了错的时候，父母的无动于衷或者一味责骂和批评并不利于孩子的成长，此时的孩子需要一些应对生活危机的信心，孩子希望充分感受到来自父母的支持。所以父母应当扮演好激励者的角色，尽量给孩子一些正面的鼓舞，鼓励孩子克服困难，改正错误。

小孩子开始学习数数的时候，常常会漏掉一些数字，比如，会奶声奶气地说：“1、2、3、4、5、7、8、9。”这个时候大人鼓励她：“宝贝说得可真棒，只差一个数字就全部对了，你能不能再说一次给妈妈听听？”在这种鼓励下，孩子很快就可以改正自己的错误。如果这个时候大人无动于衷或立刻用严厉的语气指出孩子的错误，结果就会适得其反。

父母的赞美　在孩子做出一些正确的行为，或者有一些正确的举动时，父母就应该及时给予赞美和认可，或者给予一些奖励。这样做可以提升孩子做事的积极性和自信心，他会意识到这件事这样做才是正确的，并且意识到自己也能够独立做好这件事。当父母给出一些正面的回应时，孩子的行为会更加积极，做事的效果也会更好。

我接触过很多家长，每次我都会尽可能提醒他们一定要关注孩子的一举一动，尽量对一些好的行为习惯及时给予赞赏。即便是出生没多久的宝宝，也需要这样的鼓励，这会刺激孩子的情绪感知，并让孩子意识到自己原来可以做得很棒，这种自信会对孩子的性格和身心健康都产生积极影响。

总而言之，鼓励和赞美是亲子教育中非常重要的部分，父母应该注意使用这些方式来教育孩子。但是鼓励和赞美是分场合的，如果孩子做事总是明知故犯，父母就要适当施加一些压力进行制止，而不是盲目地说好，以免影响孩子的价值观。

一起努力，在亲子互动中轻松提升自控力

第7章

01 自控力的培养，需要父母和孩子共同参与

在培养儿童自控力的时候，许多父母都会犯这样的一个错误——儿童自控力的培养重担在父母身上，父母是监督者和引导者，对孩子的成长负有全部的责任。这种想法并不完全正确。在培养儿童自控力方面，孩子本身也应该参与进来，而不是完全被动地接受父母的指示。

我曾经为一个 7 岁的孩子进行过心理治疗，据孩子的父母说，他们之前一直都在督促儿子改掉那些坏习惯，甚至还为儿子制订了一份详细的自控力培养计划，要求孩子必须按照计划行事。可是每次孩子放学回家之后就会抱着手机不放，或者将零食、玩具弄得到处都是，根本不理会那份计划，这样的行为让他们感到头疼。我看过那个计划书，上面写着让孩子几点吃饭，几点洗澡，几点将作业写完，几点上床睡觉，看电视的时间不

能超过几分钟，不能总是一边上厕所，一边玩手机等。从内容上来说并没有多大的问题，但是他们忽略了一点——他们在制订这份计划的时候并没有和孩子商量，或者说他们并不认为有必要告诉孩子，一切他们做主就好，孩子不需要这些。

事实上，让孩子了解父母的培养计划非常重要。在生活中，很多孩子反感父母又给自己增加了学习和阅读的时间，反感父母私自藏起了电脑和玩具，反感父母动不动就劝说其他小伙伴别再来家里玩。父母的出发点虽然是好的，可是当他们试图完全替代孩子做主而不顾孩子的想法时，事情可能就会搞砸。

这里涉及的问题在于父母是否听过孩子自己的想法，是否考虑过孩子的感受，是否就自己的培养计划问过孩子。大多数时候，父母都会以“我们自己做主就行，孩子什么都不知道”为理由，事实上孩子的确无法对自己的行为有一个清晰的认识，他们生活的代理人就是父母。但父母不能因为孩子不知道就剥夺孩子探讨的权利，“孩子什么都不知道”并不意味着“孩子没有必要知道”，即便孩子缺乏判断的能力，父母仍旧需要与孩子沟通，这种沟通是打造和谐亲子关系的重要保障。

父母在培养孩子的自控力时，应当与孩子进行积极的对话，对话的内容首先是让孩子了解父母的想法，并在对话中听一听孩子的想法。比如，父母希望孩子的自控力得到提升，就要介绍自己的培养计划，告诉孩子自己准备做什么，以及准备怎么做，并希望孩子能够理解自己的想法，接下来他们应当适当征求孩子的意见，问问孩子有什么想法。

父母应该征求孩子的意见，并且最好对自己的行动和计划做一个解释，不是直接告诉孩子不能做什么，而是告诉孩子为什么不能这样做；不是直接告诉孩子应该做什么，而是告诉孩子为什么要这么做。父母不要认为这样的解释毫无用处，对孩子来说，当他们意识到父母愿意和自己商量、沟通时，信任感就会增加，通常也更愿意听从父母的要求。父母做出解释时，也需要了解孩子的反应，听一听孩子的想法，比如，当孩子对提出的要求感到不满时，父母应当及时倾听孩子的想法，给予他们表达的权利。

表姐给我讲过她和女儿之间关于看电视的一段对话，为了控制女儿看电视的时间，她规定女儿晚饭后只能看半个小时的电视，这时女儿委屈地提出请求："妈妈，能不能让我多看10分钟，每晚两集的×××动画片得40分钟呢！"表姐想了想说："你可以看完两集动画片，但是要说话算话哦。"孩子高兴地说："谢谢妈妈，我会做到的。"表姐觉得给予孩子一定的娱乐时间是有必要的，而且女儿提出的要求并不过分，因此在这一次讨价还价中做出了让步。

在自控力培养过程中，父母需要依据孩子的反应和表现，对自己的培养计划进行调整，这是一个监督和信息反馈的过程。父母需要问一问孩子"为什么不想做这些事？""为什么会抗拒父母的要求？"，并且父母还要观察孩子的变化：当孩子的行为有了良性的转变时，哪怕这种转变很小，父母也需要给予鼓励，称赞孩子“做得很棒”。当孩子的行为没有什么变化，或者明显对父母的要求感到抗拒时，父母应当重新思考并设计新的方案，反思自己的要求是不是过分，或者说太过于激进了，应该让孩子接受一些更容易接受的要求。

总而言之，父母在整个教育的过程中应该让孩子参与进来，参与掌控相关的步骤和过程，并依据孩子的具体表现做出调整，这样才能确保自控力培养的顺利推进。

02 制订规则时，要给予孩子一定的自由

有个朋友来家里做客时，无意中说起了一件趣事。她给孩子制订了一些基本要求，里面都是对孩子日常的时间安排和行为规划，关键是时间排得非常满，然后要求儿子必须遵守这些规则行事。结果一周之后，孩子去姥姥家玩耍时怎么也不肯回家，还嚷嚷着让姥姥给他做主，因为妈妈对他不好。姥姥听了很生气，以为女儿在家虐待自己的小外孙，于是跑到家里兴师问罪，女儿也一脸发蒙，直到孩子说再也不想听到那些基本要求了，她们两个人才明白过来。

这个事例听起来更像是一个笑话，但是我对孩子的遭遇感到同情。事实上，这是很多孩子面临的困局，也是家庭教育的一个困局。许多家长只记得一味给孩子制订各种各样的规则，只想着给孩子提各种各样的要求，却忘记了孩子需要自己的私

人空间。他们有自己喜欢玩的东西、感兴趣的游戏、非常钟爱的食物，还有一些不那么好但是也不至于产生太多坏影响的习惯。

父母作为孩子的监护人和抚养者，不能过多地干涉孩子的生活，正如我们在前面提到的那样，父母不能妄图导演孩子的成长，应该注重引导。而引导的一个重要方式就是适度地迎合与尊重，让孩子意识到他们的某些行为会得到允许，这样才能够更好地让孩子配合父母的培育计划。

正因为如此，父母应当给予孩子一定的自由度，这种自由度包含很多方面，最常见的一种就是尊重孩子的兴趣爱好，这一点至关重要。许多父母会将孩子的一些兴趣当成不良习惯，但是换一个角度，这些兴趣可能会成为发挥孩子潜力的一个最佳出口。比如，在很多父母眼中，孩子接触电脑之类的电子产品是不良习惯，认为学习会受到影响，并且容易玩物丧志。在西方家庭中，许多父母却认为这是孩子展示兴趣并开拓思维的一种方式，像苹果公司的创始人史蒂夫·乔布斯、微软公司的创始人比尔·盖茨，以及特斯拉汽车的创始人埃隆·马斯克，他们从小就表现出了在相关领域内的兴趣和天赋。还有一些孩子从小喜欢破坏玩具，喜欢将买来的玩具全部拆掉，这让父母很头疼，他们觉得孩子的行为是破坏性的，但是心理学家发现许多喜欢破坏玩具的孩子具有很强的动手能力，他们在机械制造、电子产品研发方面具有一定的天赋。

父母不能总是不加分辨地对孩子的一些“不合理”行为提

出质疑和批评，也不能总想着如何制止孩子的一些不良习惯，因为这些不良习惯在日后可能会成为孩子获得成功的重要突破口。

给予一定的自由还包括对量的控制和放松，当父母控制孩子的行为时，不要完全约束这些行为，应该留给孩子一些自由的空间。比如，很多父母为了帮助孩子养成良好的时间管理能力，会给孩子设定一个非常紧凑的作息时间。我看过一个父母给孩子制订的作息时间表：早上 6:40 起床；7:00 准时出门运动（跟着父亲）；7:20 吃早餐；7:35 坐公交去学校；下午 5:30 放学回家后，争取在一个小时内完成家庭作业（视具体情况而定），然后花 30 分钟吃晚饭，看 30 分钟的《新闻联播》。接下来，父母会督促孩子学习一个小时到一个半小时的钢琴。然后孩子进行洗漱，并且准时上床睡觉。

通过对作息表的分析，就可以发现孩子一整天的时间都很紧凑，根本没有自由时间可支配，比如，和朋友一起玩游戏，看动画片或者看书。父母认为这些行为或者习惯会对孩子的学习产生不良影响，但是他们并没有意识到孩子有权利拥有自己的生活时间和空间，在执行和遵守父母的规定之外，孩子应该有时间做自己喜欢的事情，这是他们自由快乐成长过程中不可或缺的一部分。

有关量的控制还体现在对具体某个行为的控制，比如，父母常常会要求孩子远离电脑和手机，可是在电子时代，让孩子彻底远离手机并不现实，过度压制反而容易引起孩子的逆反心理。所以在提升孩子自控力的时候，父母应当保持宽容的态度，准许孩子玩手机，但要控制时间，比如规定每天只玩 20 分钟。

不能对什么事情都规定死了，要有一定的灵活度。要让孩子意识到在必要的时候是可以做一些“不那么合理”的事情的，比如，允许孩子玩手机，但只能是在放学之后玩 20 分钟；准许孩子睡懒觉，但只能是周末。

这些适当放宽松的条件其实就是对孩子自由成长的一种尊重。前面我们谈到了父母在教育子女和培养儿童自控力方面，应该让孩子积极参与，倾听孩子的真实想法，以赢得孩子的理解。同样的，父母应当给予孩子一定的自由空间，不能剥夺孩子享受生活的权利和自由选择的权利。如果父母能够意识到这一点，就应该主动给孩子一些空间和自由选择的余地，让孩子做一些自己喜欢做的事。

03 保持自律，给孩子树立良好的榜样

父母必须在亲子教育中扮演好引导者的角色，但很多父母认为这个引导者的角色实际上是对孩子进行监督、管理、教导或者提醒。许多父母开口闭口就是要求孩子做什么、学习什么或者养成什么好习惯。在交谈中，他们的出发点大都是给孩子设定一个行为标准，但是很少有人关注自身的行为表现。比如，很多人教育孩子要孝顺父母，帮助父母做一些家务活，可是他们自己从来不记得去帮助自己的父母干活，更别提孝顺父母。孩子会观察父母的行为并进行模仿。很多父母教育孩子不能触碰烟酒，可是他们自己却抽烟喝酒，这样必然会对孩子日后的生活习惯产生不良影响。父母平时要控制好自己的情绪，如果自己遇事就大发脾气，甚至当孩子做错事的时候也大声呵斥，这样会导致孩子将来也会以同样的方式来发泄内心的不满。

在教育孩子方面，父母往往使用一些方法，或者制订一些

准则和标准，可总是忽略自己以身作则，给孩子树立一个健康的、正面的榜样。事实上，父母应该明确意识到一点：孩子对自己和外界的认识都有所欠缺，这个时候他们主要依据父母的行为表现制订自己的行事标准，尤其是那些年龄较小的孩子，他们并不知道自己的行为是否合理、恰当，只能直接参照父母的行为行事，如果父母选择在吃饭的时候聊天，那么孩子也会在吃饭的时候聊天；如果父母经常争吵，而且说话声音很大，那么孩子也会存在一定的暴力倾向；如果父母坐姿不正，走路歪歪扭扭，孩子也会模仿。在动物世界中，很多动物会学习父母走路的姿势、飞翔的姿势及捕猎的技巧，如果父母的表现不好，那么它们在成长的过程中就可能面临灾难。在人类社会中，父母扮演的角色可能更加复杂一些，但无论如何，为孩子树立一个良好的榜样是非常重要的教育方式。

正因为如此，父母需要在孩子面前表现得更加自律一些，一些不合理的行为、不好的生活习惯、性格上的缺陷和行动上的偏颇最好尽快改掉，或者说尽量不要在孩子面前表现出来。喜欢抽烟的父亲应该避免在孩子面前吸烟。一些家庭主妇喜欢打麻将，以此作为娱乐活动进行消遣并不过分，但是母亲们应当避免孩子在家的时候玩麻将，更不应该每天都玩，这会影响孩子的学习，并导致孩子对娱乐的认知产生偏差。

我曾去南方一些乡村走访，发现很多父母一边带孩子一边打麻将，甚至有时候会任由孩子在桌子上玩麻将或者玩牌，慢慢地，很多孩子就学会了玩麻将，这些都是因为父母的不自律造成的。

这些现象很普遍，由此可见大多父母在亲子教育中的盲区有多大。

有一次，我无意中发现萱萱对着镜子抹口红，看到这场景我是又好气又好笑。起初，我对她说不能碰这些东西，她却反问一句："妈妈为什么要花那么长时间把它涂在嘴唇上呢？"听了这句话，我意识到自己平时在房间里花太长时间装扮自己了，而且还没有注意到孩子一直都在看着我。在这之后，我将所有的化妆品都锁进抽屉，不让萱萱触碰，而且适当减少化妆的时间，萱萱也不再有抹口红之类的举动了。

父母平时就应当时刻注意自己的一言一行，确保自己的行为合理、健康，包括说话（内容、语气、声音、节奏），以及举动（坐姿和站姿，各种各样的生活习惯和下意识的一些动作，做事的方法），这些东西大都和性格有关，但并非不可控制，只要有强大的自律意识，不良的生活习惯就会得到改善，好的行为习惯就会起到很好的引导作用。

当然，对于任何人来说，都不可能做到完美无缺，再好的父母也会有某些方面做得不到位，也会存在一些缺陷，但是父母如果想要确保自己在孩子的行为规范上有发言权，就要确保能够做到自己提出来的要求。简单来说，父母在要求孩子必须做什么或者不能做什么的时候，必须保证自己能够做到这些，这样才具有足够强大的说服力来教育孩子。

父母保持自律的过程，就是自我提升和自我改造的过程。在教育和监督孩子的过程中，父母可以和孩子共同进步，这个相互促进的方式会对孩子产生更强的引导和示范效应。

04 换位思考，感受孩子的真实想法

亲子教育过程有这样一些特点：主观、强势、自我、服从。主观是指父母在教育子女时依靠主观意志进行判断，而忽略了一定的客观性。强势指的是父母在教育子女的过程中会充分利用自己的家长威严和权力来提升自己的影响力。自我指的是父母在亲子教育过程中会形成一些比较自我的想法和教育模式，认为自己的做法是对的，并且不愿意倾听别人的意见和建议。服从主要是指孩子在父母面前常常处于弱势状态，他们没有太多讨价还价的余地，只能听从父母的教诲和指导，只能按照父母的意愿和要求行事，即使有的要求并不合理。

以上这些因素显示出了亲子教育中一些不太合理的信号，问题的关键在于缺乏有效的沟通，这应该是提升儿童自控力或者培养儿童自控力过程中应该重点把握的一个方面。在很多时候，自控力培养处于“父母说什么，孩子就做什么”的状态，

而这种状态实际上就是缺乏沟通的表现，以至于儿童自控力教育变成了父母对孩子行为进行控制的一种教育方式。

沟通是父母与孩子之间亲密关系和信任关系的前提，最好的沟通方式就是换位思考。简单来说，父母在督促孩子进行自我控制及约束孩子行为的时候，应该重点关注孩子的真实想法，从孩子的立场去看待那些行为并衡量自己提出的要求是否合理。

让萱萱练习钢琴，并不是为了让她获得更多的技能分，只是为了培养她的兴趣爱好，或者说我更希望音乐能够成为她日后提升生活质量的一种方式。萱萱在练习中取得的进步让老师和我都非常开心，老师也认为她是一个好苗子，因此让她坚持学习下去。

可是随着时间的推进，她还是会表现出一些不耐烦，孩子爱玩的天性会冲淡那份坚持。有几次，她放学回家后听说要练琴就撅着小嘴说道："妈妈，我敢打赌要是你也和我一样每天要上学，还要练琴，你大概会哭的。"我能感觉到，萱萱的眼泪快要从眼睛里挤出来了。我之前都把孩子的话当成玩笑来听，但是现在想想真的是自己没有和孩子做好沟通，平心而论，我在萱萱这样的年纪时，还和小伙伴们在外婆家的稻田里像个野孩子一样疯跑。那个时候的我的确是自由的，享受着最纯粹的童年快乐，而现在萱萱所承受的的确比当年的我要多得多，尽管这和时代发展、社会变迁、生活环境变化息息相关，但是父母的确在培养子女的事务上变得越来越自我。如果我能站在孩子的角度看问题、想问题，或许就会意识到自己想法中的一些漏洞，至少我会知道孩子对我的安排究竟有什么样的想法。

从本质上来说，换位思考本身代表了协商、尊重及以孩子为优先的原则，它可以有效减少父母的强制性规定和过于强硬的姿态对孩子产生的消极影响。

那么究竟该如何进行换位思考呢?

转变思维 以儿童的思维看待问题，父母认为没价值的东西可能对孩子来说非常重要，比如，很多父母认为孩子长时间玩游戏不好，但是科学家、心理学家都建议孩子多玩一玩游戏，以开发智力，提升人际关系处理能力，而且孩子本身就喜欢将其作为娱乐活动。对孩子来说游戏是成长过程中不可或缺的一个环节，如果父母不能换个角度和思维看待这些游戏，就会觉得孩子玩物丧志。

深入体验孩子的的生活 当父母要求孩子做些什么的时候，自己应该切身地融入孩子的生活环境、学习环境，感受孩子在这些生活环境中的体验。比如，父母要求孩子放学回家后必须看两个小时的书，但问题在于孩子在学校里就很累了，如果父母能够深入体验这种学习生活，就能够体谅孩子的抗拒心理。

以孩子的实际接受能力为准 当父母提出要求的时候，应该先站在孩子的位置上想一想“如果换作我，我能不能够做到这些事情？”“对于这个年龄段的孩子而言，这样的要求会不会过分，孩子会不会对这些事情产生厌恶或者恐慌？”。父母应该经常设身处地地为孩子着想，看一看自己的要求是不是太高了，想一想自己的规则是不是难以做到，结合孩子的接受能力进行分析，就能够制订出更为有效的自控力培养方案。

有个热衷于体育运动的年轻父亲曾要求 7 岁的儿子每天早上跟着自己跑 20 分钟，结果儿子每一次都不能完成任务，这让父亲很生气，觉得儿子不听话。事实上这位父亲以成人思维去度量孩子的能力，以成人的标准去要求孩子，这本身就是不合理的，孩子根本不能像成年人一样轻松跑上 20 分钟。

满足孩子的心理 想要孩子配合自己，首先要学会配合孩子，家长可以在陪孩子玩的过程中培养孩子对自己的信任感，掌握孩子的行为节奏。既然是陪孩子玩，就要尽量满足孩子的心理，转变自己的角色，把自己当成孩子的玩伴。其实很多游戏还需要孩子来教我们玩，千万不要因为放不下家长权威而不愿意向孩子虚心请教。在仔细听孩子讲游戏规则的时候，无意中就拉近了我们与孩子之间的距离。

05 设定一个自控目标，然后一起努力

有个教学经验很丰富的老师曾经讲过这样一件事。他在课堂上对孩子说，希望每个人都可以坚持写日记，以提高写作能力。一周之后他检查学生作业时，发现班上只有一小部分人写了日记，且仅有不到十分之一的人坚持每天写日记。后来，这个老师改变了方法，他给每一个人都定了目标——每天都要写一篇日记，并且要求学生将这个目标写在日记本的扉页。一周之后，所有学生都实现了每天坚持写一篇日记的目标。

按照这位老师的说法，给孩子设定目标远远要比直接告诉孩子应该做什么、应该怎么做更加重要，因为目标具有很强的指导性，可以约束、督促和指导孩子的行为。在培养儿童自控力的时候，父母同样可以对孩子进行目标管理，帮助孩子设定一个可执行的自控目标，让孩子在目标的指引下奋斗。

在亲子教育中，目标管理法往往非常有效，许多父母都会

给孩子设定一些生活目标和学习目标，比如，要求孩子做到每天坚持 6:30 起床，坚持两天不哭闹，坚持自己独立完成作业，或者在半年时间内将学习成绩提升到班级前三名。这些目标有时候会激发孩子的自觉性，有时候也会让孩子感到厌烦和恐惧，因为并非所有孩子都会受到目标的指引。前面提到的那位老师，他之所以能够让每个学生每天都写日记，还有一些其他的因素在起作用，比如，学生可能会担心老师对那些不能完成任务的学生进行惩罚，而在亲子教育中，这一类担忧容易被弱化。

那么该如何让孩子坚持按照目标来行动呢？或者说如何让孩子更加自觉地追求目标呢？最简单的方式就是在设定目标的同时，尽量和孩子一起努力。这里提到的“一起努力”涉及几个层面的意思。

做孩子的帮手 给孩子设定自控目标后，父母帮助孩子去实现这个目标。在这个过程中，父母不仅仅只是制订目标或者下达指令，还需要尽量想办法提供必要的帮助。比如，父母希望孩子在几个月以后的期末考试中取得第一名的好成绩，就应该多关注孩子的学习情况，帮助孩子掌握更多的学习技巧，并给孩子营造一个良好的学习环境。父母需要突出辅助者的角色，帮助孩子实现目标。

父母也要自律 给孩子设定自控目标后，父母也要坚持达到这个目标，这和前面提到的榜样作用是一致的。比如，父母要求孩子改掉吃完饭看电视的坏习惯，那么首先要确保自己能做到，因为整个目标的约束既是针对孩子的，也是针对父母的，父母也要向着自己设定的目标努力。

给自己定个目标 父母给孩子设定自控目标的同时，也给自己设定一个自控目标，这样就可以和孩子互相激励。比如，父母给孩子设定学习目标的时候，也可以给自己设定一个工作目标；给孩子设定“六个月之内戒除网瘾”的目标时，也给自己设定“半年之内戒除烟瘾”的目标。父母在追求自己目标时的所有努力，会对孩子产生更为积极的影响。我有个闺蜜以前一直都过得比较潇洒，喜欢享受，对生活没什么特别的追求，丈夫指责她生活过于自由懒散，没有约束。但是随着孩子的出生和逐渐长大，她的生活模式渐渐发生了改变，因为丈夫给孩子制订了一些自控的目标，作为孩子的母亲，她需要引导孩子去实现这些目标。因此，她也给自己制订了一些目标，包括适量饮酒、减少不必要的聚餐和购物。她在引导和监督孩子的过程中，和孩子共同成长。

无论是哪一种形式，或是哪一个层次，都需要父母的积极参与，换句话说，父母不能将实现目标当作孩子一个人的事，不能将实现目标只当作孩子一个人的责任与义务。孩子的成长需要父母的参与，需要父母与孩子的共同努力。在追求目标的过程中，父母应当注意以下原则。

目标要有可行性 给孩子设定的目标必须是可执行、可实现的，盲目地给孩子制订一些能力之外的目标，可能会让孩子的自控培养计划面临各种障碍。因此，父母应该设定一些只要孩子努力就能够做到的事情，这样才能够激发孩子的自觉性和自控的积极性。

明确目标期限 简单来说，就是这些目标应该在什么时候实现，三天、五天、一个月，还是半年。对于父母来说，只有明确一个具体的期限，自控力培养才能够顺利推进，才能产生真正的效果。如果没有期限，那么所谓的培养就会在无限期的拖延中成为空谈。

目标要有针对性、唯一性 确保每次只制订一个目标，完成之后再制订新的目标。这样可以减轻孩子的压力和反抗，同时也减轻了父母的负担。如果在特定时间要求孩子做几件事，往往会引发孩子的反感。

提前和孩子沟通 设定目标之前应该与孩子沟通，并强调自己参与的积极性，这样对孩子来说会是一种非常好的激励和引导。

对于父母来说，只要把握了以上几个原则，就可以借助目标设定让孩子的自控力获得快速提升。

06 与孩子进行游戏，在游戏中制订规则

我的朋友程女士带我去家中做客，进屋后，程女士非常抱歉地说先等她10分钟。原来当时她的女儿正在房间里玩积木，按照她和女儿之间的约定，妈妈必须参与到女儿的游戏当中去。接下来的10分钟，程女士非常认真地和女儿一起搭积木，她还煞有介事地和女儿讨论要不要盖一所幼儿园，要不要做一个小农场，里面可以用来养猪、养牛。

游戏之后，程女士告诉我每天她都会花点时间陪女儿做这一类游戏，而且她会给女儿制订一些游戏规则，比如，不能搞破坏，不能发脾气，不能违背游戏的方法，必须认真扮演好游戏中的角色。

作为一位母亲，程女士不溺爱女儿，我觉得有必要将这种教育方式进行推广，让更多的父母了解这种健康的、高效的亲

子教育模式。父母参与到孩子的游戏中，可以增强彼此的信任，还有助于强化父母对孩子自控力培养的引导及在培养过程中的影响力。制订规则是帮助孩子更好地理解游戏，并建立规则意识的一种有效方式，父母可以通过游戏规则让孩子养成遵守规则的习惯，从而提高他们遵守指令和规则的自控力。有时候相比于日常生活中的指示和要求，在游戏世界中，孩子更容易配合，更加重视规则。还有一点非常重要，成人思维和儿童思维是完全不同的，透过游戏可以更好地理解孩子的想法。

不过在很多父母眼中，孩子只能与孩子玩游戏，因为这是“儿童游戏”。在他们看来，成人世界与儿童世界有着比较明显的分界线，因此在多数情况下，他们没有参与儿童游戏的意愿，也不会和孩子一起玩游戏。还有一些父母总是以工作繁忙、没时间为由拒绝和孩子一起游戏，这会让他们失去同孩子一起成长的机会。我见过很多每天忙于工作而无心陪伴孩子的人，有商人、公职人员和创业者，也有高级白领，还有普通劳工，他们总觉得自己是个大忙人，很少愿意抽出时间和孩子一起游戏，更多的时候只是简单地亲一下孩子，抱一下孩子。遗憾的是，他们都表示自己和孩子的关系有些糟糕。有个商人称自己没有时间陪孩子做游戏，就是在时间相对宽裕的周末，他也会选择一个人待在书房里看书，或者和朋友一起出去钓鱼，他更喜欢成人之间的娱乐活动和社交活动。

因为父母的疏忽，孩子常常只能一个人玩耍，可能会在独自游戏中表现出孤独、自闭、自我的一面，因为没有父母的参与和引导，孩子常常只能按照自己的意愿玩游戏。孩子之间有时候也会玩游戏，但孩子们对于规则的意识不够成熟。

许多心理学家和儿童教育、家庭教育方面的专家都认同这样一个观点——参与儿童游戏是父母拉近自己与子女关系的一个重要方式，甚至可以说父母和孩子的关系就是在游戏中慢慢建立起来的。尽管很多人并没有意识到这一点，但是如果认真回想一下就能够发现，在孩子很小的时候，父母是不是经常冲孩子做鬼脸逗孩子开心，那就是游戏的一种。对孩子来说，这就是增进感情的一种方式。随着孩子的成长，在一些棋牌游戏、捉迷藏、跳房子或者其他一些比赛型的游戏中，孩子们需要父母投入更多的精力，扮演更为复杂的游戏者的角色。

有对小夫妻在家经常陪孩子一起玩一种贸易游戏，孩子、孩子的父亲、孩子的母亲在游戏中分别扮演不同生意人的角色，三个人之间会将自己的东西拿出去交换，或者用钱购买别人的物品。制订了一些基本的交易规则，可以讨价还价，可以合作，也可以对抗。

自从家里开始玩这个游戏之后，夫妻俩发现孩子身上的很多缺点有了明显的改善，孩子以前孩子口齿不清，而且总是断断续续，现在说话越来越流畅；以前孩子喜欢乱花钱，在游戏之后，他的消费习惯有了一些改变，对于零花钱的使用越来越克制；以前孩子缺乏主见，什么事情都要问父母，遇事就知道哭闹，现在孩子变得越来越独立，而且也愿意自己收拾房间了。

对孩子来说，游戏是成长过程中不可或缺的部分，也是培养能力的重要方式，孩子的自控力可以在游戏中得到强化。孩子需要父母积极参与其中，这样，游戏的功效才能够更好地发挥出来，孩子才能够在游戏中获得更多成长的空间。

07 分享生活经历，多和孩子聊一聊心事

有个同事曾经做过一项亲子教育的调查，主要针对青少年的心理教育问题，内容主要是父母有多久没和孩子聊一聊心事了。从这项活动他发现了一个问题：很多父母并没有和青春期的孩子有过多的积极对话，而且在孩子更小一些的时候，他们也没有表现得更为积极一些。

在儿童教育方面，很多父母与孩子之间缺乏足够的交流，他们希望给孩子创造更好的生活条件，希望为孩子选择一个好的学校，但儿童的成长还需要一些心理上的引导，这种引导对于自控力的培养至关重要。沟通是一个比较好的方式，其实如果对前面的内容进行分析，就会发现所有帮助孩子提升自控力的方式都基于沟通。

父母应该如何与孩子沟通呢？单纯地告诉孩子什么能做，什么不能做，这是一种沟通，给孩子制订各种生活规则也是沟

通，对孩子的行为进行批评或者赞美同样是沟通。相比这些比较直接的沟通方式，父母可以选择一些更为柔和的方式，比如，分享自己的成长经历和人生故事，并在其中巧妙地融入一些成长元素，包括如何应对危机，如何解决问题，如何渡过难关，如何摆脱烦恼，如何与人接触，如何规避风险等。

父母也可以经常和孩子畅聊心事，谈一谈自己最近的情绪。自己对生活的感想、渴望及自己的一些小秘密。谈论心事是确保父母打开孩子心扉，并建立更稳固亲子关系的一种方式，也是引导儿童进行自我认识、自我提升、自我控制的好方法。

记得我小时候，父亲和母亲也经常会同我谈论他们的故事，他们在乡下吃过的那些苦、遇到的烦心事、在生活中积累的经验，以及对人生的看法。我成为母亲之后，也经常和孩子分享自己的人生经历。有时候丈夫会觉得我有老年化的倾向，因为只有老年人才会唠唠叨叨地向孩子说以前的事情，但在我看来，任何一个母亲或者父亲都应该和孩子分享自己的人生经历。

在教育萱萱的时候，我会告诉孩子自己在工作中遇到的困难和不友好的人，有时候她会似懂非懂地问我会不会哭，会不会被坏人欺负。这个时候我会告诉他该如何与人相处，该如何控制好自己的情绪，该如何释放内心的压力。

我也会告诉孩子自己最近的一些想法，然后故意问她应该怎么做，萱萱并不能给我一些“合理”的建议，但是她乐于参与其中，还会产生保护我的冲动，这是她变成熟的一种表现。

由于我经常和她聊心事，她也愿意将一些生活中的事情同我分享，愿意将自己的小秘密说给我听，即便有些并不那么光彩。比如，哪天老师说她上课走神，还有同学嘲笑她的字写得不好看；她不喜欢班上的一个女同学，因为对方也叫萱萱；她扫地的时候将一些灰尘扫到沙发底下去了；每次看书时，她都会发几分钟的呆；还有一次她把酱油倒进了垃圾桶，却对奶奶撒谎说酱油瓶自己倒下来了。

分享意味着她开始直面自己的一些缺陷，直面自控力不足的一些问题，同时表达出自己想做出进一步调整和改进的意愿。

沟通的障碍是父母总是把子女当成一无所知的孩子来看待。实际上，孩子是有感情的，也具有一定的感知能力，他们能够接收到父母的情感和其他一些信号，有时候尽管很微弱，但合理的沟通方式会帮助他们更快地成长起来。当孩子意识到父母的世界观、人生观、道德观，父母为人处世的方法及内心的想法时，他们就能找到自我控制的动力和方式。

考虑到孩子的接受能力和表达能力，谈话自然不能像成人之间那样进行，父母可以采取讲故事的方式，每个小故事都包含一个成长道理。比如，改变不良习惯的故事、刻苦认真学习的故事、与父母坦诚交流不撒谎的故事。萱萱有一次对我说，她以后再也不挑食了，因为姥姥给她讲述了自己当年吃不饱饭的故事。讲述以前的生活，让萱萱感触很深，尽管她还只是一个几岁的孩子，但是基本的感知和理解能力已经形成了。

父母也可以在交谈中加入一些情感元素，情感交流是最高效的交流方式，可以帮助父母与孩子建立良好的情感。在日常经历中加入情感元素，能更好地打动人心，从而强化父母的影响力。更重要的是，这些情感元素会强化孩子的理解能力和接受能力。

在和孩子分享经历及聊心事的时候，父母应当淡化自己是教育者和监督者的角色，扮演好“朋友”这样的角色，让孩子更好地接纳自己。如果父母与子女的关系像朋友一样，孩子就更愿意吐露心声，更愿意接受父母的引导。

开发体能，为自我控制提供能量支持

第8章

01 规律而充足的睡眠是自控的能量源

有的妈妈要求宝宝去做某件事或者不能做某件事，此时宝宝会显得力不从心。之所以会出现这种情况，可能在于宝宝的精力不足，毕竟自控是所有大脑活动中消耗身体能量最多的一项活动。当孩子在自控过程中因能量消耗大而导致精力不足的时候，就难以控制自己的行为。可以说，充沛的精力是孩子愿意且能够控制行为的基础。为了确保儿童大脑可以顺利进行自控活动，父母需要帮助他们及时补充所需要的生理能量，以储存大量的能量。那么孩子们应该如何保存精力呢？最简单最有效的做法就是睡觉。

许多人都有这样的经历，通常在早晨和上午，更容易集中注意力做事，而且心态和情绪相对稳定，遇事也不容易发脾气，或者说人们更容易控制自己的冲动行为。可是到了下午和晚上，情绪就会变得差一些，对于周边环境的变化也更加敏感，稍不如意可能就会情绪失控、行为失控。这些是生理变化引起的。

从人体运作的规律来说，白天适合释放能量，晚上适宜“收藏”能量，其中，作为活细胞的能量来源和生物主要的供能物质——葡萄糖，一直都在扮演能量收集者的角色，不仅如此，大脑本身就是一个耗能量非常大的组织器官，为了维持巨大的能量开销，它每天都需要大量的能量，但大脑还非常挑剔和精细，它会认真审核自己的营养套餐和能量套餐。大脑需要大量的葡萄糖来提供能量，睡眠不足则会影响身体和大脑吸收葡萄糖。

睡觉是最重要的一种休息方式和能量补充方式。通常忙碌了一天后，人们需要借助睡眠来缓解身体疲劳，消除心理压力，并利用睡眠时间重新储存精力和能量。对于大脑来说同样如此，白天大脑需要负责计算、思考、分析，应对各种信息并下达指令，到了晚上，大脑的部分功能区域需要休息。

当孩子感到疲倦或者状态不好的时候，通常就容易对父母的指令置若罔闻。比如，一些孩子玩完积木会忘记收拾，父母回家后见到地上的积木觉得很生气，明明平时很听话的孩子为什么现在那么淘气，当父母进入房间后发现孩子已经躺在床上呼呼大睡了。原因是当孩子感到困倦的时候，他们的自控力会严重下降，这样的事情在成人身上也经常发生，更遑论自控力比较差的儿童。

一位幼儿园的老师向一位单亲妈妈反映了一个情况：“您的儿子上课时经常神情恍惚，不仅如此，面对老师的提问，孩子常常表现得非常迟钝，明显缺乏执行力。”单亲妈妈以为孩子生病了，可是去医院检查什么问题也没有。这位单亲妈妈又找到我这儿，担心孩子心理出现问题。

通过交谈和询问，我发现了一个重要的信息——这位单亲妈妈是一家外企的中层主管，工作非常繁忙，几乎每天晚上都要加班。她的加班行为很有可能就是影响孩子睡眠的因素，于是我建议她平时减少加班，最好不要在卧室加班，或者晚上早点睡，早上可以适当早起。她照做了，晚上尽量在9点之前睡觉，结果一段时间之后，老师向她反映了新的情况：孩子上课明显更加专注认真了，精神状态也比之前好了很多。

睡眠除了能够帮助身体吸收更多的葡萄糖外，还有一个重要的作用——为大脑提供最佳的发育环境。科学家认为孩子的大脑一直处于不断发展的过程中，而大脑功能的发育大部分都是在孩子熟睡的状态下进行的，如果孩子的睡眠受到了影响，那么大脑发育也会受到影响。

因此对于儿童来说，想要让他们变得更加活跃，精力充沛，且更具意志力，那么就要保证最基本的睡眠时间和睡眠质量。作为孩子的直接监护人，父母应该为孩子创造一个舒适的睡眠环境。

首先，要合理安排好孩子的睡眠时间，并且让孩子养成早睡早起的良好习惯。一般来说，父母应该督促孩子在晚上9点左右就上床睡觉，并确保孩子每天至少拥有10小时的睡眠时间，其中应该有一个小时左右的午休时间。

其次，父母要尽量为孩子营造一个安静且舒适的睡眠环境，房间的隔音效果要好。父母晚上尽量不要熬夜，不要有什么娱乐活动或者加班，最好也要养成早睡早起的好习惯，这样就可以为孩子树立健康的榜样。

最后，要注意房间的通风和保暖，因为室温过高或过低都会影响孩子的睡眠质量。因此父母必须根据季节变化和天气变化注意调节室内的温度，确保孩子在舒适的条件下入睡。

此外，良好的睡眠习惯还包括晚上尽量不要接受太大的刺激，比如，看一些恐怖的电视、电影或故事，这些都会导致孩子害怕睡觉或者做噩梦。吃饭吃得太饱、睡前进行剧烈运动，也不利于保证睡眠质量。父母必须督促孩子控制一些不合时宜的、刺激性比较大的行为，避免正常的休息状态受到影响。

02 合理的饮食，能提升孩子对身体的控制力

由前面的内容可知，意志力的提升需要大量的能量，保持自控力也需要大量的能量，而这些能量主要来自葡萄糖。大脑的血糖（血液中的葡萄糖）含量决定了思维水平，血糖含量偏低时，大脑不具备更多的能量进行长期思考，因此它通常会专注于当前的感觉，这就是前面提到的即时满足感。

在心理学家看来，即时满足感就像是一只顽皮的不受束缚的猴子，只要个人的理性思维松懈，意志力下降，这只猴子就会跳出来争夺控制身体的大权。简单来说，当大脑血糖含量降低的时候，身体的控制力就会不断下降。这个时候补充营养非常有必要，而营养物质的吸收主要来源于食物，合理的饮食才是保证葡萄糖摄入的关键。

安排规律的用餐时间 父母需要明确规定每天大约几点吃早餐，几点吃午餐和晚餐，这几个时间点不应发生太大的变动，到点了就要督促孩子吃饭，不要等孩子喊饿才吃饭。此外，很多孩子喜欢边吃边玩，这样不仅影响消化，还会吃到冷的饭菜，因此每顿饭最好控制在半个小时以内。

一般情况下，吃饭的时间点并不要求一致，毕竟不同地方的生活习惯和时间都不一样，但是基本上都应该处于一个合理的范围内，早餐可以安排在早上 7:00—7:30，午餐最好控制在 11:30 左右，晚餐在晚上 7:00 左右。不同季节需要进行适当调整，还有一些地区因为时间差和生活习惯的原因，也可以进行相应的调整。

膳食均衡 所谓膳食均衡指的就是营养摄入的均衡，不同阶段的生长发育和生理状况，人体所需的各种营养成分要丰富，含量适当，以确保能够维持正常的生理功能和满足身体发育和健康的需要。

对于孩子（这里主要是指断奶的孩子）来说，处于快速生长和发育的阶段，因此营养一定要丰富和充足，营养物质要包括蛋白质、脂肪、碳水化合物、膳食纤维、维生素、无机盐和水。因此，孩子的食谱中最好安排瘦肉、鱼、肝脏、蛋类、谷物、面食、坚果、豆制品（大豆或者豆腐、豆浆）、牛奶，以及各种蔬菜。

美国农业部在 1992 年曾提出食物金字塔，金字塔底层是谷物、面食之类的食物，每天约 300 ~ 500 克。第三层是蔬菜水果类，蔬菜类每天约 400 ~ 500 克，水果类每天约 100 ~ 200 克。

第二层是奶制品、豆制品及鱼禽肉蛋类，奶制品每天约 100 克，豆制品每天约 50 克，鱼禽肉蛋类每天约 125 ~ 200 克。油脂类是金字塔的最顶端，每天不超过 25 克。对于孩子来说，各类食物可以按照比例适当减少，但是品种要尽量丰富。

实际上，每天孩子的食物种类最好超过十种，每种食物都含有多种营养物质，这样就可以保证孩子每天摄入不少于二十几种营养物质。一些孩子可能不喜欢吃蔬菜，偏向肉类、甜食和零食，父母一定要帮助孩子戒掉挑食、偏食的毛病，尤其是零食，一定要尽量少吃。

帮助孩子养成良好的进餐习惯 我们应当督促孩子吃饭时不要说话，不要玩耍，不要看电视，清除餐桌上的玩具。在培养习惯方面，父母可以适当动用一些规矩，孩子如果乖乖按照规矩吃饭就能获得奖励，当然，如果没能遵守规定，就会受到惩罚。还有一点值得家长注意，孩子两三岁后，父母要改变追着孩子喂饭的习惯，让孩子自己学会吃饭，这样有助于提升他们的生活自理能力，也是培训和强化自控力的一种有效方式。身边许多孩子在四五岁的时候还不会自己吃饭，甚至孩子的祖母和外祖母每天中午不得不跑到幼儿园给孩子喂饭，这样的方式显然不利于孩子的成长。

食物是所有能量的来源，对于处于发育中的孩子来说，健康的饮食非常重要，因此父母必须在食物搭配和饮食习惯上做好充分的准备。

03 进行适当的锻炼，通过强化身体来强化意志

有很多人都抱怨自家孩子不听话，而且缺乏自制力，这些孩子有一个共同点——体质不好，而且平时也不注意锻炼身体。身体条件比较差的孩子在自控力方面的确有所欠缺。如果对很多孩子进行过观察，就会发现平时不锻炼身体的孩子耐力比较差，遇到无法顺利解决的事情时更容易放弃，而积极锻炼身体的孩子愿意坚持更长时间，他们会想办法克制自己的紧张和失落，尽可能思考解决问题的方法。

为什么会出现这样的情况呢？原因主要有两方面：一方面，孩子体质不好，直接导致能量吸收不好，从而无法为个人的行动和大脑的运作提供动力支持；另一方面，孩子的身体比较虚弱，经常生病，生病会消耗大量的能量，这个时候身上的能量都集中起来应对疾病的困扰和折磨了，自然没有多余的能量来维持

基本的自控需求。而且身体不好的孩子情绪也容易陷入低落，这就使得他们不得不耗费精力应对负面情绪带来的不良影响。所以，在试图解决一些自控力不足的问题时，最直接的方法就是让孩子积极参加体育运动，通过运动来锻炼身体，确保正常的新陈代谢，提升机体的抗压能力和抗病能力。

有关运动能够提升自控力的观点在学术界获得越来越多的认同。三思而后行是抑制即时满足感的关键能力。就像许多孩子喜欢吃油炸食品一样，他们见到油炸食品时的第一感觉就是“我要吃”，这是人类的本能欲望，而善于三思而后行的孩子会告诫自己“不能吃，吃了会挨骂，而且这样做有悖于自己控制体重的目标”。斯坦福大学的相关研究表明，三思而后行和心率变异度这个生理学测量指标息息相关。正常情况下，每个人的心率都会出现一定程度的波动，比如，呼吸和上下楼都会导致心率发生变化，这表明心脏能够从交感神经系统和副交感神经系统接收到相关的信号，其中交感神经系统主要加速身体的运动，副交感神经系统减缓身体的运动，心率降低，心率变异度升高。

锻炼身体可以有效提升心率变异度，最简单的例子就是放慢呼吸，或者说放慢呼吸的频率。那些经常锻炼的人更容易做到这一点，不怎么运动的人，常常跑上几步就气喘吁吁，心率加快，而经常锻炼的人，心率更容易保持平稳，他们的呼吸节奏会更慢一些，或者说心率变异度更高一些。经常锻炼（尤其是有氧锻炼）身体的人可以有效强化心肌收缩能力，增强供血和供氧量，从而有效降低心率，改善自控力。

心理学家曾经做过一个实验，他们找到24位没有锻炼身体习惯的成年人，鼓励他们去健身房锻炼身体。第一个月，这些人每周都去健身一次，两个月之后，他们变得更加勤快，每周至少会去健身房2~3次。结果这些人都发现自己情绪控制得越来越好，吃的零食越来越少，抽烟与喝咖啡的次数也在不断减少，约会越来越准时，学习和工作时间不断增加。很明显，在健身房的锻炼有效提升了他们的自控力。心理学家还特意让那些烟瘾重的人在跑步机上跑步，15分钟之后，他们就对香烟表现出了更强的抵御能力，吸烟的时间间隔越来越长。

从心理学的角度来分析，锻炼身体本身就是提升意志力的一种方式。每天坚持锻炼的人往往会变得意志力强大，他们会时刻提醒自己“我每天都要跑完5公里”“我要坚持跑完20分钟”“我要坚持做引体向上”。对于孩子来说，每天早上起来锻炼身体，不仅可以改掉睡懒觉的不良习惯，还能够提升孩子的耐力和抗压能力。

我的小外甥以前非常贪玩，一看电视就忘了做作业，不仅如此，平时总是病恹恹的，让他做点什么事情也都心不在焉。孩子的妈妈认为这是懒病，于是经常督促他做点家务活，按时完成作业，可是效果并不好。后来我告诉她一个方法——让孩子的父亲每天都带着他出去跑步，积极锻炼身体。

一年后，小外甥似乎一下子成长了许多，不仅养成了每天坚持锻炼的好习惯，而且人也变得更加强壮了。更重要的是他变得更有责任感，更有自控力了，当天的事情都会尽量完成，不再拖延。遇到困难也不再像之前那样哭哭啼啼，闹脾气，自己会想办法解决。

除了督促自己不断强化意志力之外，锻炼身体还能够有效缓解疲劳和压力，而压力往往是消耗意志力的重要因素。运动可以快速释放压力，消除不良情绪，确保自己不会受到负面精神因素的干扰。

对于孩子来说，运动不能过于剧烈，慢跑或者拍篮球是非常合适的运动项目。每次运动的时间一般以 5 分钟一次为宜，比如，跑 5 分钟后可以休息一段时间，接着再跑 5 分钟。上学的孩子可以利用课间 10 分钟踢毽子、跳皮筋及做课间操。对于那些自控力非常差的孩子，应该采取循序渐进的方式来帮助他们起步，可以从一个单纯的踢腿动作或者下腰动作开始。